基于 Lowry 模型的城市空间结构模拟分析研究

周彬学　著

海洋出版社

2021 年 · 北京

图书在版编目(CIP)数据

基于Lowry模型的城市空间结构模拟分析研究/周彬学著. —北京：海洋出版社，2021.12

ISBN 978-7-5210-0851-7

Ⅰ.①基… Ⅱ.①周… Ⅲ.①城市空间－空间结构－结构分析－研究 Ⅳ.①TU984.2

中国版本图书馆CIP数据核字（2021）第235492号

总 策 划：刘 斌

责任编辑：刘 斌

责任印制：安 淼

排 版：海洋计算机图书输出中心 晓阳

出版发行：海洋出版社

地 址：北京市海淀区大慧寺路8号（716室）

100081

经 销：新华书店

技术支持：（010）62100055

发 行 部：（010）62100090（010）62100072（邮购部）

（010）62100034（总编室）

网 址：www.oceanpress.com.cn

承 印：廊坊一二〇六印刷厂

版 次：2021年12月第1版

2021年12月第1次印刷

开 本：787mm×1092mm 1/16

印 张：13.25

字 数：208千字

定 价：88.00元

前　言

中国城市化正处在高速发展阶段，城市规模不断扩大，已成为国民经济发展的重要载体。然而，随着城市规模越来越大，城市的空间结构日趋复杂，各种城市问题，特别是交通问题日益彰显。这些问题给城市经济社会系统的运行效率造成严重损失，显著影响了城市竞争力。准确地把握城市空间结构发展规律，是我国城市研究工作面临的紧迫课题。面对复杂的城市问题，数学模型以其自身优势必将成为研究城市的重要工具。

北京市作为我国首都，在《北京城市总体规划（2016—2035年）》中的城市战略定位是全国政治中心、文化中心、国际交往中心、科技创新中心，是我国城市空间结构最复杂的城市之一。本书以Lowry模型为理论基础，以北京市为研究对象，从模型构建、参数设置和情景模拟三个方面探索Lowry模型框架在城市空间结构模拟分析研究中的应用。

（1）在模型构建方面，首先以杜能区位论为理论基础，以研究区域内的各产业总产值规模为起点，将区域地租总额最大化作为目标函数。然后取已有的线性Lowry模型和非线性Lowry模型二者之长，对模型结构进行适当的调整，构建了本研究的Lowry模型分析框架。吸取了线性Lowry模型相对简单的运算架构，规避了非线性Lowry模型的运算需求量太高的弊端；吸取了非线性Lowry模型中对部分模型参数的改进，规避了线性Lowry模型中部分参数的计算和获得方面存在的缺陷。最后以城市土地供给约束和各行业最终输出需求为终点，构建了模型分析框架的约束条件体系。

（2）在模型的参数设置方面，以北京市2010年投入产出表、2011年北京市统计年鉴、2010年北京市企业调查数据等数据来源为支撑，完成本书模型框架的相关参数设置。实践了依据实际数据设置Lowry模型参数的技术流程，完成了Lowry模型参数理论含义与实证研究对象属性数据的对接。

（3）在模型的情景模拟方面，以北京市市域为研究对象，以乡、镇、街道办为基本研究单元，基于对北京市基本行业分布格局分析，构建模型框架的情景约束条件，模拟分析了在北京市基本行业空间格局框架确定情况下的城市产业、居住空间分布特征，总结了模型的结构启示及模型的模拟启示。

本研究是基于Lowry模型框架的城市空间结构模拟分析模型研究的阶段性成果，不仅丰富了Lowry模型框架的内涵，而且检验了模型框架在实际应用中的技术流程和分析能力，为基于Lowry模型的城市空间结构分析框架形成奠定基础。模型分析框架的形成有助于将模型理论框架用于实证研究分析，以数学模型的优势帮助我们解读城市、分析城市，并针对城市发展过程中出现的问题提出解决思路，提高城市系统运行的综合效率。

希望本书能够拓展国内城市空间结构的研究视角，为城市与区域发展、国土空间规划、城市交通规划、城市土地利用与交通模型、城市管理等领域的科研工作者、管理工作者和高校师生了解土地利用与交通模型理论和应用实践提供参考。

感谢本研究开展过程中提供指导和帮助的所有老师和同学们，感谢国家自然科学基金项目“基于非线性Lowry模型的城市空间结构优化分析系统研究”（编号：41401170）的支持，感谢海洋出版社给予本书的支持，感谢本书责任编辑细致的指导。

周彬学

2021年9月17日

目　录

第一章　绪　　论

第一节　研究背景

中国正处在城市化高速发展阶段，城市规模不断扩大，已成为国民经济发展的重要载体。截至2019年年底，中国城镇化率已达到60.6%，市辖区户籍人口规模在100万人以上的地级以上城市数量超过160个。然而，随着城市规模越来越大，城市的空间结构日趋复杂，各种城市问题，特别是交通问题日益显现。这些问题给城市经济社会系统的运行效率造成严重损失。中国科学院可持续发展战略研究组2010年研究数据表明，中国15座城市每天因交通拥堵造成的损失近10亿元。交通拥堵等城市问题已经引起了市民、政府决策部门和研究者们的高度关注。

一、城市空间结构日趋复杂

随着城市规模的不断扩大，中国城市空间快速扩展，城市建设用地需求规模急剧增加。据统计，20世纪90年代以来，中国城市建设用地以年增长率4%的速度扩展，远远高于世界发达地区1.2%的平均值（李治等，2008）。

城市用地规模的扩展促使城市空间结构日益复杂。究其原因，主要是由于城市化过程中城市产业规模的扩张、产业空间布局调整以及由产业调整而引起的城市居住等功能的规模增长和空间布局的调整，如中国城市发展过程中因城市工业企业外迁、中心城区旧城改造，加上城市中心区的高房价，迫使购买能力不足的城市居民到城市边缘地带买房，实现被动居住功能外迁（周一星，2000）。然而，在城市居住用地规模增长与城市产业规模增长同步的同时，城市居住用地的空间扩展格局并不一定能够与城市产业的空间扩散格局同步。这种不同步造成了城市空间结构的失配，即城市中心区就业人口的居住郊区化和城市中心区居住人口的就业岗位郊区化。这两种空间失配现象导致城市功能纵横交错，城市空间结构日趋复杂，城市交通流量剧增，就业人员的通勤成本大幅度增加，并且有失业率上升的隐患（孟繁瑜，2007）。

二、城市交通问题日渐严重

随着城市规模的扩大，职住分离问题日益突出，就业地与居住地空间布局的失衡引发了城市的交通拥堵，城市居民的平均通勤时间和通勤距离日益增长。百度地图《2019 年度中国城市交通出行报告》显示，2019 年，全国 100 个主要城市高峰期拥堵指数中位数为 1.518，通勤高峰实际速度中位数为 30.33 km/h。北京市 2019 年度通勤高峰实际速度仅为 25.12 km/h。北京市作为中国的首都，城市空间不断蔓延，公共交通发展不能满足日益增长的交通需求，私家车保有量迅速增长。2020 年年末，北京市机动车保有量达到 657 万辆。庞大的机动车保有量加上潮汐式的集中出行，高峰时段的交通拥堵已经成为北京市的一大景观，严重影响了北京市居民的生活质量和城市经济的运行效率。

面对城市道路拥堵情况的恶化，社会各方对交通问题都给予了高度的重视，政府加大了道路交通基础设施的投资和建设，增加交通道路供给，同时采用公交价格优惠、单双号限行、提高停车费等政策鼓励居民采用公共交通出行。上述措施在短期内能够起到一定的缓解作用。但随着时间的推移，道路网络的通行压力仍在不断加大，城市交通状况并不会呈现根本性的好转。

三、城市空间结构研究手段面临新机遇

城市化水平的不断提高促进了城市产业结构多元化，而这种多元化又使城市空间结构复杂化。面临越来越复杂的城市空间结构所产生的问题，

学者们试图从不同的角度探索和解释城市空间结构演变的过程及演化动力机制，以期找到最合理的解决方案。已有学者对城市空间结构演化历程总结、城市空间结构演化影响因素归纳展开研究，也有学者开展城市系统中的某些具体因素的影响机制探索。

我国的城市空间结构正在迅速扩张和重构。土地、交通和政府等因素相互交织，增加了城市空间结构的复杂性和不确定性，为城市规划和管理工作带来了诸多挑战。我国目前的城市总体规划以及相关部门的规划和政策在指导思想和理论依据方面还相对薄弱。同时，过于强调物质设计，对行为规律缺乏重视和考虑，导致城市实际发展脱离预期；各部门、各层面的规划（和政策）及实施管理相互分割，导致低效和不协调（丁成日，2007）。一些研究成果促使我们对城市空间结构的认识和理解不断深入，对城市规划工作起到一定的借鉴和指导作用。但是，面对城市空间结构问题的综合性和演变规律的复杂性，已有研究成果的解释能力和指导作用还非常有限，不足以成为城市规划工作中分析问题的有力工具。

城市空间模型研究在国外已经获得较多的成果，并能有效地指导城市区域规划工作，目前，国内在这个领域的研究还相对薄弱。对国外相关数学模型的学习和发展，使其能够成为我国城市规划工作中的有效指导工具是摆在我国城市经济、城市规划和城市地理领域学者面前的良好研究机遇，也是不小的挑战。

第二节 研究意义

随着城市规模的不断扩大，城市空间结构的日益复杂，认识和掌控城市发展规律的难度在不断增强。具备严密逻辑性的数学模型是探索复杂城市演变规律的重要工具，在城市研究中引入适当的模型研究，有助于研究者和规划者们更好地探索和认识城市发展趋势，为决策部门提供科学有效的参考依据。

一、理论意义

数学模型自身结构的发展和提高是该模型能够科学应用到实际研究问题中的重要基础，因此，结合模型在应用研究中出现的不足，完善模型结构也非常重要，是模型在下一步应用的重要前提。数学模型框架的实证模拟研究是将模型理论框架应用到实际问题中分析研究的重要手段。探索模型结构的改进和模型的模拟实践，对模型框架完善和模型的实际应用研究都有着重要的理论和探索意义。

本研究构建了线性 Lowry 模型框架，并用该模型对北京市进行模拟研究，一方面能够建立基于 Lowry 模型理论框架的城市空间结构问题分析框架，扩展我国城市空间结构研究的研究视角；另一方面能够在实证研究中总结分析已有模型框架存在的不足，为模型框架体系的进一步完善奠定验证基础。

（1）在已有的线性和非线性 Lowry 模型框架基础上，综合线性 Lowry 模型的运算效率优势和非线性模型的功能优势，引入杜能区位理论，构建以线性规划模型为框架载体，以非线性模型功能为分析内涵的模型框架结构。模型框架的结构优化能够扩展 Lowry 系列模型的应用形式和应用范围，增强 Lowry 系列模型在规划实践中的分析和指导作用。在模型框架结构的优化实践中，总结出模型结构调整的技术流程，为提高数学模型的结构扩展和实践应用延展奠定基础。

（2）选择北京市进行模拟研究，可以确定 Lowry 模型框架在实际应用过程中的技术路线，并检验该模型框架的实证分析能力。基于模型框架的实证研究，是把数学模型推向实际应用的重要步骤。总结研究对象自身特征，确定实证研究目标，在此基础上，确定模型运算所需参数，在指定情景下进行模拟运算，最后对模拟结果进行分析，并总结模拟结果对研究对象的启示。在实证研究中总结归纳并完善模型应用的技术路线。为基于模型框架的实证问题分析平台建设奠定基础。

（3）基于 Lowry 模型框架的实证问题分析平台建设，探索我国城市空间结构研究中的新分析框架，拓展城市空间结构研究的方法，同时也为中国城市空间结构研究开拓了新的研究领域。

二、现实意义

城市空间结构的组成要素之间存在着复杂的相互关系，任何一种要素的变动都会带来整个城市空间结构总体格局的变化。数学模型以其严格的逻辑不变性优势，以城市系统的基本运行逻辑为基础，形成城市空间结构的模拟系统，对城市空间结构进行模拟分析，探索城市空间结构系统的内在运行机制。其良好的结果预测和准确的评判能够帮助规划者做出科学的选择。

（1）良好的模型框架能够很好地揭示城市系统运行机理。北京市的城市空间结构特征是多种因素共同影响的结果。所有的因素因对城市系统运行贡献程度不同而有主次之分，数学模型的最大优势在于能抓住核心影响因素，并描述彼此的逻辑关系，通过逻辑演绎展示城市系统的运行机理，使研究人员对城市系统有更好的理解。本研究的模拟分析试图检验 Lowry 模型框架对北京市城市空间结构的揭示能力，为该模型框架作为城市空间结构分析工具奠定基础。

（2）良好的模型框架能够协助研究人员发现规划预设情景下可能出现的问题。所有规划方案的制定均有一定的目标导向，规划者往往更加关注想要实现的目标，而该目标的实现会给城市系统带来哪些新的问题却很容易被忽略掉。这些新的问题很有可能成为城市进一步健康发展的新障碍。本研究通过模型框架的情景模拟，确定了情景模拟运算流程，有助于研究人员在此基础上进行目标导向的情景设定，通过情景模拟发现规划预设情景下可能出现的问题，以便对相关政策进行适当的调整，进一步提高规划方案的科学性。

（3）良好模型框架的运算结果能够给决策者提供强大的支撑。决策者是城市发展目标和发展方向制定的最终实施者，而任何决策的制定都必须以一定研究的工作为基础。前期研究工作成果的科学性将直接影响决策的正确性。作为前期研究的重要工具，数学模型结构对研究结果起着决定性的作用。因此，模型结构的修正和模型实证研究经验的总结将不断地提高城市规划前期研究的科学性，进而给决策者提供科学的理论支撑。本研究通过 Lowry 模型框架的构建、参数设置及情景设定的实践，为模型的进一步应用和改进建立了参照和起点。

因此，Lowry 模型的模型框架扩展研究和实证研究能够为城市空间结构研究提供新的分析框架和理论支撑，形成基于 Lowry 模型的城市规划分析系统。帮助研究者们更好地理解城市，并制定出科学的规划方案。本研究以北京市为研究对象，利用模型思想对北京市城市空间结构的现状进行解读，不仅有利于更好地理解北京市城市空间结构形成的运行逻辑，而且形成了利用 Lowry 模型框架分析城市空间结构特征的技术路线，为我国城市空间结构分析开拓了新的思路。

第三节　研究框架

一、研究目标

本研究以 Lowry 系列模型的发展成果为基础，以理论发展和实践应用为主线，根据实证研究对象自身特征，对现有模型理论框架进行调整和优化。利用调整后的 Lowry 模型进行北京市城市空间结构模拟分析，并在此基础上，构建基于 Lowry 模型框架的城市空间结构研究技术路线，为 Lowry 模型在城市空间结构模拟研究中的应用提供参考。

（1）在已有的 Lowry 系列模型理论框架基础上，结合模型框架自身特点、已有的模型模拟运算手段以及模型应用对象的数据获取特征，引入杜能的区位论思想，取已有的线性 Lowry 模型和非线性 Lowry 模型二者之长，对模型结构进行适当的调整，构建本研究的 Lowry 模型分析框架。

（2）利用构建的 Lowry 模型框架，以北京市市域为研究对象，以乡、镇、街道办为基本研究单元，以北京市经济社会发展现状为基础，进行模型参数提取和情景模拟分析，探讨本模型框架对北京市城市空间结构现状的解释能力，并在模型分析的基础上对北京市城市空间结构的形成机制、基本特征进行分析和总结，为北京市城市空间结构分析和城市规划分析提供理论支撑。

（3）在模型结构调整和实证研究基础上总结 Lowry 系列模型的实证应用技术路线，增强模型实证研究的深度和广度，并在实证研究的基础上形成模型应用的一般模式，促使 Lowry 模型分析框架成为我国城市空间结构和城市规划研究领域的重要分析工具。

二、研究方法

本研究采用归纳演绎相结合，对模型框架进行修正；采用定性分析和定量分析相结合，确定模型实践研究中所需参数；最后结合多种理论和方法，对模型运行结果进行分析和评价，为研究对象提供参考启示。

（1）归纳演绎相结合。运用区域经济学、城市经济学、经济地理学和城市地理学等有关理论，多学科研究方法相交叉，运用计量经济学、数理统计分析等技术手段，演绎推理和归纳总结相结合，深入分析模型框架结构模块的经济学、地理学意义。

（2）定性分析和定量分析相结合。在调查数据、统计数据及投入产出表等数据来源基础上，结合研究问题导向下的模型情景设置，采用定性分析和定量分析相结合的方法，确定模型情景运算所需参数，形成模型实际应用中参数确定的技术路线。

（3）对比分析。在参数获取的基础上，定性分析与定量分析相结合，运用 Lowry 模型在特定情景设置的运行结果，获取评价单元中的居住、就业、商业人口及用地特征，通过模拟结果与研究对象现状特性的对比分析，为城市发展决策启示的定性分析提供依据。

（4）多种展示方式相结合。采用文字描述、模型计算与地图语言描述相结合，依靠 GIS 技术和计算机技术，使研究结果更为形象化。

三、技术路线

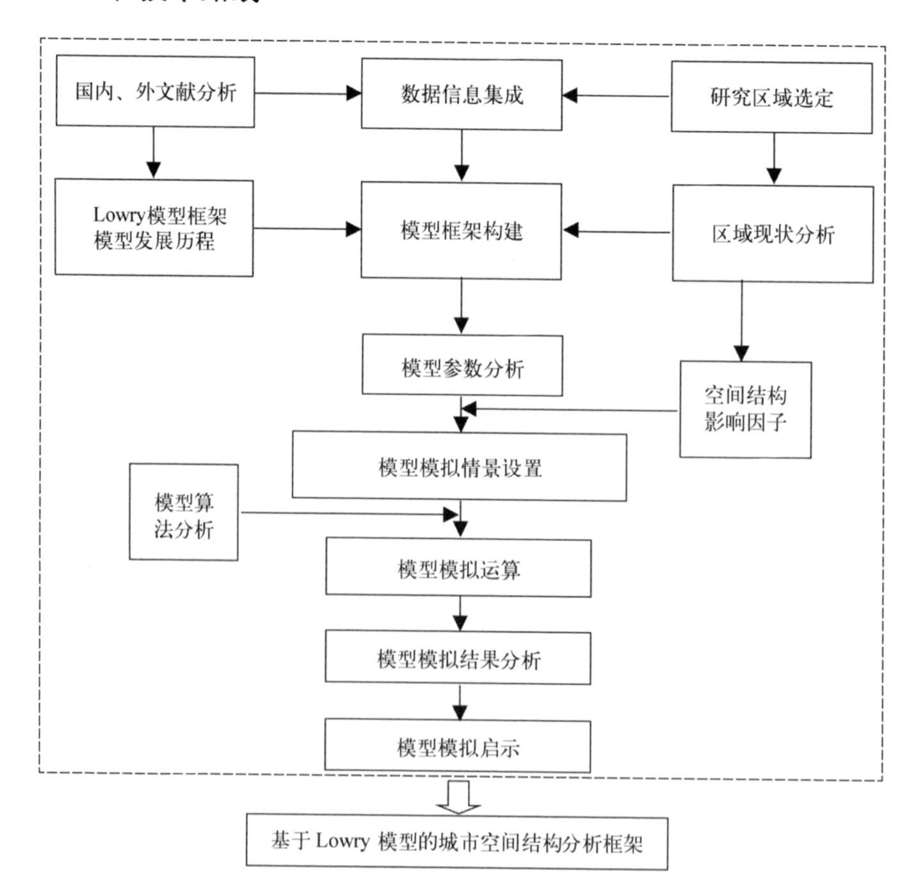

四、研究内容

本研究在给定基于模型框架的城市空间结构定义、综述城市空间结构研究进展、城市土地利用与交通研究进展的基础上主要进行了以下几个方面的工作。

（1）梳理Lowry模型的发展脉络。

Lowry模型自产生之日起，基于其自身优点，得到了广泛的应用和推广。其主要发展阶段可以归纳为模型产生初期的蓬勃发展期、由于计算技术相对滞后而造成的模型停滞期和随着计算机运算能力提升、GIS、遥感等技术手段蓬勃发展而带来的模型复苏期。本研究将详尽地分析模型的整个发展脉络，完善模型发展体系构建。

（2）在已有的线性 Lowry 模型和非线性 Lowry 模型框架基础上进行模型框架构建和参数设置。

引入杜能区位理论，以扣除中间投入产品、最终消费产品的货运成本和就业、商业通勤成本之后的社会纯收入最大化为目标函数。在现有线性 Lowry 模型和非线性 Lowry 模型框架的基础上，保持线性规划模型的模型结构，以保持较高的运算效率；对非线性模型中的部分变量参数化，以完善模型框架的模拟功能。以北京市经济社会发展现状为基础，设置进行模拟运算所需的参数，形成模型模拟运算参数设定机制。

（3）以北京市经济社会发展现状为基础，进行情景模拟分析。

以北京市市域为研究对象，以乡、镇、街道办为基本研究单元，进行模型的情景设置和模拟分析。检验本模型框架对北京市城市空间结构现状形成的内在机制的解释能力，为基于本模型框架的实证研究奠定理论和方法基础。并在模型分析的基础上对北京市城市空间结构的形成机制、基本特征进行分析和总结，为北京市城市空间结构分析和城市规划分析提供理论支撑。

第二章　国内外研究进展

在城市系统发展的进程中，研究者们对城市系统的认知不断深入。他们力求用自己掌握的理论和方法，对城市空间结构系统进行解释和规律探索，并在探索的基础上完成城市规划实践。理顺城市空间结构的概念，认识已有的城市空间结构方面研究工作的发展脉络，是研究工作进一步顺利开展的重要基础。本章基于以上考虑从城市空间结构内涵界定、城市空间结构研究进展和土地利用与交通研究进展三个层面对已有的研究进行回顾。

第一节　城市空间结构的定义

城市空间结构不仅反映了城市系统特定时间点的运行状态，而且是城市发展历史过程的系统演绎。随着时间的推移，城市化进程的不断加快，城市规模迅速扩大，城市空间结构日益复杂，学者们对城市空间结构的研究也在逐步深入，城市空间结构的内涵在不断地丰富。

一、城市空间结构概念综述

（1）时空过程论视角，此类观点试图从组成要素、要素之间的相互作用和城市的历史发展阶段三个角度对城市空间结构的内涵进行阐述。

Foley（1964）认为应该从四个维度去理解城市空间结构：①城市空间结构的构成要素包括物质环境、功能活动和文化价值；②城市空间结构的属性包括“空间的”与“非空间的”两种，“空间的”属性表现为上述三种要素的地理空间分布，“非空间的”属性则包含除了前述空间要素以外，发生在城市空间中的各类经济、社会和文化等活动；③应该从形式和过程两个方面去理解城市空间结构，城市结构要素的空间分布格局即为形式，城市结构要素的空间作用即为过程，二者反映了行为和空间的相互依存关系；④城市空间结构一直处在动态变化中，在任何时刻，城市空间结构都是相对稳定的，而在城市的历史发展过程中，城市空间结构是一直发展变化的，因此，在城市空间结构研究中需要引入时间维度（朱喜钢，2002；谢守红，2004；唐子来，1997）。Webber（1964）在 Foley 的定义的基础上提出城市空间应该包括物质、活动和互动三种要素。其中，物质要素指的是在物质空间中各要素的空间位置关系；活动要素指的是各种活动在空间上的分布特征；互动要素指的是城市中因物质要素空间布局和活动要素空间布局特征而产生的各种“流”，包括物流、人流、资金流和信息流等。城市空间结构的表现形式为城市物质要素和城市活动要素的空间分布模式，而城市空间结构的形成过程指的是各种城市要素之间的相互作用。Harvey（1973）认为，所有的城市空间理论研究都必须涉及城市空间形态和城市社会过程（social process）之间相互关系的探讨。城市空间结构具备两个层面上的含义：在表征方面，城市空间结构是城市各种组成要素所表现出来的自身特征和空间组合格局；在内涵方面，城市空间结构是人类的经济活动、社会活动和文化活动在历史发展过程中所积淀的物化形态。胡俊（1995）以 Harvey 的定义为基础，拓展和补充了城市空间结构的内涵，认为认识城市空间结构应该从“平面”“立体”两个角度展开。在表征方面，城市空间结构是指城市各种物质组成要素的有形表现，包括平面和立体两方面的布局、形式、风格等，最终表现为多种建筑形态在空间上的组合格局；在内涵方面，城市空间结构是历史发展过程中复杂的人类经济活动及社会文化活动所积淀的物化形态，综合反映了特定地理环境条件中人类活动与自然因素的相互作用，在空间上体现了城市功能的组织方式。顾朝林等（2000）认为，城市空间结构是基于理性组织原理，从空间视角探索城市形态及城市相互作用网络的表达方式。他还指出城市空间的构成包括政府、居民、社会组织及实体物质空间，是人类聚居的主要场所，是人类经济、社会和文化发展到特定阶段的产物，也是对该阶段发展状况的反映（顾朝林，2002）。

（2）系统论视角，此类观点主要基于 Bourne（1982）提出的城市空间结构概念，并由其他学者对其进行完善和丰富。

Bourne（1982）描述了城市系统的三个核心概念，即城市形态（urban form）、城市相互作用（urban interaction）及城市空间结构（urban spatial structure）。城市形态指的是城市地域范围内的各种个体要素（如土地利用、建筑、经济活动、公众机构、社会群体等）的空间表现形式和空间安排；城市相互作用是城市个体要素之间的相互关系、相互连接，它们将各种城市个体要素形式及行为整合起来，形成一个有机体，并称为子系统；城市空间结构是一种组织规则，将子系统（城市形态、子系统内部行为和相互作用）连接成一个城市系统。谢守红（2004）综合了 Foley 和 Bourne 的观点，认为城市空间结构是城市地域中各种城市构成要素之间的空间位置关系以及时间演变特征，是城市的发展程度、发展阶段和发展过程在空间上的反映。城市作为在一定地域范围内发展的空间实体，其各项组成要素和诸多功能活动在空间分布方面均受到某种空间秩序规律支配，形成一定的城市空间结构。城市空间形态和城市空间结构之间是现象与本质的关系。城市的空间组织则是通过一定的自组织法则及组织法则（经济法则、社会规范）完成对城市各种要素的组合和布局。朱喜钢（2002）强调城市功能对城市空间结构形成和发展的作用，他认为城市空间结构是在特定的社会生产、生活水平以及自然环境资源等多种背景的影响下，城市的物质要素相互作用而形成城市功能的组织方式，城市物质要素的空间布局特征取决于其背后的经济、社会、政治、文化、生态等内在机制之间的相互作用。韦亚平（2006）在对 Bourne 提出的城市空间结构概念进行剖析的基础上，认为应该从更广义的角度去理解城市空间结构，“城市与区域空间结构”是对特定空间范围内的经济、社会活动非均质分布进行的整体性描述。从历史发展角度来看，经济社会活动的区位选址活动将会引起城市空间结构产生相应的变化。“城市与区域空间结构”的各种组成要素都会随着时间的推移而发生变化，唯一不发生变化的只是它们所处的空间三维尺度本身。

（3）社会学视角，此类观点主要着重从社会学角度对城市空间结构进行关注和分析。

Knox 和 Marston（1997）认为城市空间结构是城市运行方式的反映，在把人和活动集聚到一起的同时，又将他们分门别类地安置到不同的功能区和邻里之中。Yeh 和 Wu（1995）认为城市内部空间结构是主流社会结构的有形标志，明确地反映了公共政策与政治两者之间的关系。上述四位学者分别从城市土地利用、城市公共政策和政治的视角认识城市空间结构，扩充了城市空间结构宏观认知的视野。许学强等（1996）明确地指出了城市内部空间结构研究的研究对象：认为在传统的城市地理学研究视角中，城市内部空间结构研究着重关注的是城市土地利用和城市形态，或者称为功能分区；在现代城市地理学研究中，除了需要关注城市土地利用外，还需要关注城市内部的社会空间、市场空间和感应空间等。

（4）其他视角。

潘海啸（1999）认为城市空间结构是城市经济活动、社会活动在物质空间上的投影，它是一定自然环境条件下城市经济、社会活动发展的产物。江曼琦（2001）认为城市的空间结构是城市系统中其他各种结构的基础，是城市的自然条件、经济结构及社会结构在空间上的投影，体现了城市系统的各种物质构成要素在空间范围中的组合关系和分布特征。郭鸿懋等（2002）认为城市空间结构可以划分为两部分：分别为城市的内部空间结构与城市的外部空间结构。城市的内部空间结构指的是城市建成区范围内（通常指市区）的城市土地利用功能分区结构；城市的外部空间结构包括两个方面的内涵：一方面是指城市的行政区划边界范围内部或城市自身城镇系统所形成的空间结构特征体系；另一方面是指在特定中心城市的辐射区域范围内，由中心辐射城市和其他被辐射城市共同构成的城市空间结构体系。黄亚平（2002）认为从静态方面来看，城市空间结构是在一定空间范围内，城市系统中各种要素的分布特征与联结状态；从城市成长过程方面来看，城市空间结构是指城市各种要素（物质的和非物质的）在城市地域空间中的布局特征以及在运营过程中展示出的形态特征。

二、本研究中城市空间结构定义

城市空间结构的研究涉及经济学、地理学、社会学和建筑学等多个学科。由于各个学科对城市空间结构问题的理解与研究视角不同，尚未形成共同的研究框架。综合上述观点，本研究认为城市空间结构是指在特定区域内的自然环境的约束下，在城市经济系统、社会系统的共同推动下，城市的就业功能产生居住功能需求，而居住功能又产生服务功能需求，就业功能、居住功能和服务功能的空间分布及功能联系产生了交通功能需求，最后上述四个功能在相互联系和相互制约中形成了城市功能要素的空间分布格局，这种空间分布格局表现为城市的土地利用结构。城市空间结构是城市系统的物质因素和社会经济因素相互作用的产物，这种相互作用的结果最终表现为城市产业空间布局、城市居住空间布局、城市交通网络等各类型城市土地利用结构有机组合的城市空间结构特征。

第二节　城市空间结构研究进展

随着城市经济社会发展新需求的不断涌现，研究者们从理论和实践层面对城市空间结构问题的研究不断深入并获得了丰富成果。

一、西方城市空间结构研究的理论模式

在工业革命之前，西方的城市空间结构理论只关注城市的空间形态，而工业革命之后，在城市发展过程中一系列问题的出现，带动了城市空间结构理论的进一步发展。

（1）工业革命之前以神权和君权为依托，主要侧重于对城市空间形态的揭示。

在工业革命之前，城市空间结构的研究中只注重表述城市的空间形态，而且城市空间的思想表达依托于神权、君权等，形成以宗祠、王府及市场等场所为核心的城市空间布局，追求整体化、理想化的静态布局结构

（Chant，1998；Morris，1994）。如公元前5世纪希波丹姆斯（Hippodamus）设计的以棋盘式路网为骨架的城市空间结构模式，公元1世纪维特鲁威（Vitruvius）设计的蛛网式八角形的城市空间结构模式皆属于这种类型。

文艺复兴时期，欧洲的科学、技术及艺术均得到了飞速发展，西方学者对城市结构和形态的探讨也步入了新的阶段。以康帕内拉（Campanella）的《太阳城》和托马斯·莫尔（Thomas More）的《乌托邦》为代表的理想城市空间结构和形态的理论探讨及实践，对后来城市建设理论的发展产生了一定的影响。

（2）工业革命之后至第二次世界大战之前，主要侧重于对城市迅速膨胀带来诸多城市问题的解决。

在这个阶段，大量人口流向城市，城市得到了快速发展，城市的社会结构和经济结构日益复杂，随之而来的城市生产、居住、交通和环境污染等问题日益严重。城市发展带来的经济效益和所产生的问题之间的矛盾日益突出。规划师们在寻求解决问题的方法的同时也开始探索新的城市发展背景下的空间规划模式。

霍华德（Howard）、马塔（Mata）设计的“田园城市”“带型城市”的城市空间结构模式使人们更贴近自然，这种设计理念促使人们对城市空间结构的研究重点从传统的城市形态布局转换为城市功能空间布局，这种转换和此阶段所获取的研究成果对后来的城市空间结构研究工作产生了巨大的影响。此后，伊里尔·沙里宁（Eliel Saarinen，1943）的有机疏散理论、格里芬（Griffin）的生态城市方案以及勒·柯布西耶（Le Corbusier）的“光辉城市”理论等为现代城市空间规划奠定了基础（李德华，2001；李小建，2006；吴启焰，2001；杨永春，2003）。

此外，帕克（Park）、沃恩（Writh）从城市社会学视角，黑格（Harg）从“地租决定论”视角，赫德（Hard）从土地经济学视角，分别对城市空间结构展开了研究（李小建，2006）。在从生态学角度去观察经济因素、社会因素对城市空间结构造成的影响研究方面，先后形成了三大经典的城市空间模型：伯吉斯（Burgess，1925）的同心圆模式；霍伊特（Hoyt，1939）

的扇形模式；哈里斯（Harris，1945）和乌尔曼（Ullman，1945）的多核心模式（顾朝林，2000）。

（3）第二次世界大战后至 20 世纪六七十年代由于多学科的交叉作用，主要侧重于以数理方法为主导进行城市空间结构问题研究。

20 世纪 50 年代，城市空间结构研究工作进入定量化分析阶段，主要代表作有埃伦（Allen）提出的自组织模型、齐门（Zeeman）提出的形态发生学模型、登德里诺斯（Dendrinos）和马拉利（Mullally）提出的描述结构动态变化的随机模型以及弗罗斯特（Forrester）提出的城市演变生命周期论。20 世纪六七十年代，空间学派盛行，研究者们开始使用数理方法去探索城市空间结构的形成原因和彼此之间的联系，并将城市内部的空间结构研究带进了一个新高潮。

（4）20 世纪 70 年代末到 80 年代初以解决城市社会问题为出发点，主要侧重于关注影响城市空间结构的社会人文因素驱动力研究。

这一阶段，西方社会出现经济发展停滞、失业增加、贫富不均、种族隔离等一系列新的城市社会问题，而计量方法在这些问题的研究方面有其自身固有的缺点，运算所得的数字结果不能揭示城市空间结构的全部特性，如人文因素、文化价值和感知等对城市空间结构特征也有着重要的影响，但是这些都很难用数字来准确表达。这些因素促使城市空间结构研究工作中出现了新的关注视角。

本阶段的研究成果主要关注后现代社会的科技发展对城市空间结构所造成的冲击。主要学者有：雅各布斯（J. Jacobs）、亚历山大（C. Alexander）、凯文·林奇（K. Lynch）、麦克哈格（Mcharg）、柯林·罗（C. Rowe）和弗瑞德·科特（Fred Koetter）、杜克西亚迪斯（Doxiadis）、列波帕特（A. Poporti）等。他们的代表成果分别为：城市交织功能、半网络城市、城市意象、自然生态城市、拼贴城市、动态城市、多元文化城市等。此外，麦吉（Mcgee）、肖伯格（Siobeng）、埃斯纳（Eisnner）、加列尔（Gallion）、加纳（Garner）和耶茨（Yeates）等也从地理性对城市空间结构进行了解释性研究。

（5）全球化背景下的城市空间结构发展新形势研究。

随着科技的快速发展以及经济全球化的不断深化，区域之间的联系日趋增强，更大尺度上的城市空间结构研究得到发展，戈特曼（Gottanman）、杜克西亚迪斯（Doxiadis）、费希曼（Fishman）、高桥伸夫、阿布和俊等学者们提出了世界连绵城市结构理论；魏格纳（Wegener）、萨森（Sassen）和弗里德曼（Friendman）等则从全球经济一体化、跨国公司及信息技术网络化的角度对全球城市空间结构进行了探讨（R. E. 帕克等，1987；Robertson，1992；Sassen S，2001，2006；Alonso，1964；Shachar，1994；Batten，1995）。

二、中国城市空间结构的研究进展

20 世纪 80 年代，中国的城市空间结构研究开始加速，从初期的城市空间结构演变历史的归纳总结发展为针对城市发展问题的原因探究和解决方法的寻求。虽然还没有形成统一的理论体系，但也为城市规划实践工作提供了一定的理论支撑。

（1）城市空间结构的发展历史、特征和演变机制研究。以董鉴私、傅崇兰、俞伟超、叶晓军等为代表的研究者们从历史演变的角度对中国传统城市空间结构进行了研究（吴启焰，2001）。此外，还有很多的文献以具体的城市为研究对象，研究案例城市的城市空间演变历史及过程，并在研究基础上给城市的进一步发展提出建设性意见，为新一轮的城市规划工作提供指导，极大地丰富了城市规划参阅资料和依据（朱喜钢，2002）。以《中国城市形态》《中国沿海城镇密集地区人口与经济集聚与扩散的机制及调控对策研究》《城市空间发展论》《城镇群体空间组合研究》等为代表的研究成果将我国城市空间结构研究带入系统分析阶段（武进，1990；段进，2006；张京祥，2000）。近年来，在特大城市空间结构时空演变特征分析（叶昌东等，2014；王竞梅，2015；庄浩铭等，2020；彭瑶玲等，2020）及影响分析（张小英等，2016）、规划效应评价（邹兵，2017）等方面陆续有新研究成果出现。

（2）城市空间结构系统问题研究。这方面的研究主要集中在现状特征分析和从实证的角度分析子系统的空间规律及内在机制。现状特征分析方面的主要成果有许学强等利用人口普查数据和房屋普查数据分析了中国大城市（北京、上海、广州等）的社会空间结构（虞蔚，1986；许学强等，1989；杨旭等，1992；郑静，1995；薛凤旋，1996）。从实证的角度分析子系统的空间规律及内在机制方面的主要研究成果有吴启焰（2001）以南京市为案例对居住区的分析；顾朝林等（1997）对北京市的社会空间结构进行了实证研究；王慧（2006）分析了开发区对西安市的经济社会空间造成的影响；王兴中（2000）的《中国城市社会空间结构研究》；甄峰（2004）的《信息时代新空间形态研究》；冯健、周一星（2003）的《中国城市内部空间结构研究进展与展望》等试图从城市系统的子系统分析入手，提出了一定的理论研究框架，为后续研究提供了理论研究基本范式。随着城市大数据资源的丰富，基于手机信令、百度地图、兴趣点 POI 等大数据的城市空间结构布局特征研究也成为近年来的一个关注重点（钮心毅等，2014；吴志强等，2016；黄伟力，2017；薛冰等，2020）。

（3）城市空间结构演变驱动力研究。影响城市空间结构演变特征的动力包括经济和社会两个层面。学者们在这个领域的研究主要集中在演变动力寻求和特定要素对城市空间结构演变产生的影响分析两个方面。在动力寻求方面，主要有以宁越敏等为代表的三要素动力说，认为政府、个人和企业的联合推动是一座城市空间结构演变的动力（张兵，1998；宁越敏，1998；张庭伟，2001）；王磊（2001）的产业结构决定城市空间结构特征的演化推导；孙施文（1992）的 6 种因素多力平衡影响分析等。在特定要素分析方面，主要以一个区域或者一种因素对城市空间结构演变造成的影响，主要有张小平等（2010）的兰州市开发区对整个城市空间结构演化的影响分析。张鹏等（2009）以哈尔滨为例研究了社会变迁在城市空间结构演变中的一般作用机制。韩增林等（2010）分析了大连市的环境因素、政治因素、经济因素和社会因素对城市空间结构的影响。陈曦等（2010）基于对“物联网”的发展将会对城市空间结构所产生的影响进行了初步分析探讨。周玉璇等（2018）从资本循环视角探索了城市空间结构演变机制。

丁亮等（2019）以上海市中心城区为例，探索了城市空间结构的功能联系特征。基于城市空间结构分析的规划策略探索也逐步受到关注（李震，2020；李峰清等，2021）。

目前，国内在城市空间结构的内在动力和发展规律的理论探索方面滞后于城市空间规划工作发展需求。寻找科学的城市空间规划发展研究方法，提高城市空间规划方案的理论依据和科学性，是我国城市空间规划管理工作面临的重要课题。

第三节　土地利用与交通研究进展

城市的土地利用格局是城市就业、居住、服务等功能在空间上的投影，而联系这些功能正常运行的纽带则是城市交通系统。因此，以城市土地利用和交通相互关系为重点对象的研究工作一直是城市空间结构研究的一个重要方向，在不同的历史时期产生了一系列重要成果。本部分主要评述国内、外已有的关于土地利用和交通的相关研究，总结本研究领域的发展进程和未来研究方向。

一、早期基于土地利用与交通的城市空间结构研究

早期学者们在研究中尝试总结在经济活动和交通系统的共同作用下，城市土地利用类型的空间分布格局，并基于土地利用格局总结出了一系列具有时代特征的城市空间结构模型（毛蒋兴等，2004）。

1826 年杜能在著作《孤立国同农业和国民经济的关系》中尝试采用孤立化方法解释市场、生产和运输距离之间的关系，阐明了交通系统在农业土地利用区位特征方面的重要作用，该结论为后来的区位理论研究者们提供了重要的启示。1909 年韦伯在著作《工业区位论》中将交通运输成本作为一种基本因素分析工业的区位问题。克里斯泰勒在《德国南部中心地原理》中，廖什在《区位经济学》中都认为交通是影响市场区和中心地体系

的重要因子（毛蒋兴等，2004）。

1925年伯吉斯与R. E. 帕克指出各种土地利用类型对交通条件有不同的要求，从而形成了对应土地类型各自的经济地租递减曲线，在不同的经济地租递减曲线作用下，从城市中心区到城市外围形成不同的用地类型，最终形成了同心圆模式。1939年霍伊特（Hoyt）改进了伯吉斯的均质面同心环模型，认为城市的空间扩展是以城市中心为起点，沿着主要的交通干线向外围地区延伸，呈现以交通干线为支撑的扇形城市空间结构形式。1945年乌尔曼（Ullman）和哈里斯（Harris）在伯吉斯和霍伊特研究的基础上提出了由CBD和其他次中心构成的城市多核心理论模式（毛蒋兴等，2004）。

洛顿·温戈（Lowdon Wingo，1961）在他的著作《交通与城市土地》中提出了“运输和土地利用模型”理论。该理论认为一个理性的消费者在选择居住地过程中往往综合考虑交通（通勤）成本与住房成本，在城市中心区就业的员工为了获取相同的效用，不得不在从中心区到周边区域逐步降低的住宅费用和迅速增加的交通费用之间进行选择。如果选择在郊区居住，就业通勤时间很长，费用较大，但能节省高昂的住宅费用；若选择在城市中心区居住，通勤费用降低，但需要支付高昂的住宅费用。阿朗索（Alonso，1964）在《区位和土地利用》中提出了“区位和土地利用”理论，从租金和土地区位的角度讨论了城市土地价格和城市交通系统两者之间的密切关联，认为单位地块的土地价值会随其到市中心所需的交通成本增加而降低，城市中心区通达性最好的区位将拥有最高的地价（毛蒋兴等，2004）。

上述理论都是结合现代经济理论对杜能区位论的更新，它们说明了城市经济与城市交通系统是决定城市空间结构发展方向的关键因素。这些理论对城市空间结构内涵和总体格局演变特征的解释提供了坚实的理论依据。虽然在面对城市发展的复杂影响因素时，这些理论对具体城市发展方向把握以及发展评价方面较欠缺，可操作性不强。但是，这些理论框架为城市交通系统与城市土地利用关系模型的产生和发展打下了坚实的基础（毛蒋兴等，2004）。

二、城市交通系统与土地利用关系模型研究进展

随着 20 世纪 60 年代数理方法在学术研究中的流行，以早期理论为基础，以数学工具为框架的交通与土地利用相互关系数学模型研究蓬勃发展，在研究和实践应用中积累了丰富的经验和成果。根据模型的研究方法和理论基础，Frank Southworth（1995）将城市交通与土地利用相关模型大致划分为 Lowry 模型、标准规划数学模拟方法模型、基于投入产出分析理论的多元空间模拟模型、城市经济学方法模型、微观模拟方法模型 5 类（表 2-1）。促进模型框架集成化、子系统之间的交互流畅化、模型结构表达清晰化、模型实践操作性进一步提升，是从事土地利用与交通一体化模型研究的学者们一直努力的方向（Lopes，André Soares，2019）。部分模型已经被开发成了基于模型框架的应用软件，并有效地指导了部分城市和区域的空间规划工作。笔者在此基础上，结合此后的模型发展及相关的文献综述，将已有的城市交通与土地利用相关模型划分为 6 类。

表 2-1 城市交通系统与土地利用关系典型模型

模型类别	相关模型		
	模型名称	代表人物	模型简介
Lowry 模型	Lowry 模型	Lowry（1964）	把就业、人口等空间分布和土地利用融合于一个模型中
	DRAM	普特曼（Putman，1983）	非集聚居住分配模型
	EMPAL	普特曼（1991）	就业分配模型
	ITLUP	普特曼（1991）	在 DRAM 和 EMPAL 两模型间建立互动反馈机制而开发的交通/土地利用一体化软件包
	PSCOG	沃特森（Watterson，1993）	将 DRAM 和 EMPAL 两模型应用于 UTPS 软件而开发的模型
标准规划数学模拟方法模型	POLIS	普拉斯塔克（Prastacos，1986）	应用数学模拟方法来描述复杂城市交通和土地利用关系的交通土地利用一体化模型
	KIM	金（Kim et al.，1989）	芝加哥地区模型

续表

模型类别	相关模型		
	模型名称	代表人物	模型简介
标准规划数学模拟方法模型	TOPAZ	朱布罗特基(Brotchie J.F., 1980)，迪基(Dickey J.W. et al., 1983)，夏普(Sharpe, 1978, 1980, 1982)	构建了反映就业、居住等相互关系的一系列数学方程和线性规划约束条件
	MARS	Paul Pfaffenbichler(2003)	交通与活动再选址模型
基于投入产出分析理论的多元空间模拟模型	TRANUS	德拉巴拉(De la Barra, 1989)	加尔卡斯市(Caracas la Victoria Venezuela)交通土地利用模型
	MEPLAN	亨特和西蒙兹(Hunt & Simmonds, 1993)	在Lowry模型框架中引入投入产出分析理论的多元空间模拟技术，刻画交通土地利用复杂关系的模型
城市经济学方法模型	KIM	金(Kim et al., 1989)	金以城市经济原则为基础，综合多种方法建立起来的土地利用和交通网络复杂关系的模型
	LEAAM	奥本海姆(Oppenheim, 1993)	基于Logit的平衡活动分布模型(Logistic-based Equilibrium Activity Allocation Models)
	LUTE	詹姆斯与金(James E. M. and Kim T. J., 1995)	在Mill的城市系统模型基础上，添加环境因素，建立了土地利用、交通与环境一体化模型
微观模拟方法模型	HUDS	卡因和阿普加(Kain & Apgar, 1985)	个人交通行为与住房选址关系的微观模拟模型
	MASTER	马吉特(Mackett, 1990)	以家庭为单元来研究住房就业等土地利用因素和交通系统复杂关系的微观模拟模型
	UrbanSim	Paul Waddell(2002)	土地利用和交通动态模拟模型

资料来源：Frank Southworth(1995)基础上整理。

（1）基于Lowry理论的模型。

1964年，Lowry在城市规划实践中提出了著名的Lowry模型，该模型的提出为城市交通与土地利用关系模型研究开创了先河。该模型框架不仅在阐述城市系统的产业、居住、服务和交通相互关系方面具有显著优点，而且具有良好的可计算性及可扩展性，这使该模型框架得到广泛的理论研究和应用扩展。

（2）基于数学规划的模型。

在早期的许多城市交通与土地利用相关模型中，基于运筹学思想的数学规划方法得到广泛应用。在墨尔本，联邦科学与工业研究组织（CSIRO）的 Brotchie 和 Dickey（1980）开发了区域活动的优化配置模型 TOPAZ（Technique for the Optimum Placement of Activities in Zones），该模型以个人出行行为为研究基础，以交通可达性费用函数最小为目标函数，结合熵最大原理预测城市中各种活动区位和具体小区的最优化选择，已经应用于澳大利亚的部分城市（Brotchie et al.，1980；Dickey et al.，1983）。

在旧金山，旧金山地区海湾区域政府协会（Prastacos，1986，1995）开发了自用的目标最优化土地利用信息系统 POLIS（Projective Optimization Land Use Information System）。该规划模型中的目标函数包含三个方面的内容，分别为两项出行费用（就业通勤费用和服务通勤费用）、两项空间熵、一个反映研究地区内的就业小区基本单元分布调整项。目标函数受限于一系列线性约束条件，其中包括所有的变量必须非负。在模型的运算结果中，研究区域中的通勤交通量、零售量、服务费用都必须与每个小区基本单元的就业人口数量和住房供给情况匹配，并且保证每个小区基本单元的产业用地、居住用地的可获得量和通过模型分配到这些小区基本单元中额外的居住人口及就业人口相一致，使小区基本单元总的居住人口和就业岗位保持空间总量平衡。

White（1988）以线性规划方法为支撑，以减少平均通勤成本为目标，确定研究区域中从居住地到就业地的通勤量分配。美国伊利诺伊大学厄巴纳–香槟分校土木工程系的 Boyce（1983，1999）开发了 BOYCE 模型，该模型为关于交通和区位的非线性规划均衡模型。

Boyce（1999）以拥堵条件下道路网络为背景，利用双层规划模型完成了对居住分布和路段收费的优化。Void（2005）构建了以交通效率最大、同时环境污染最小为目标函数的数学规划模型，对城市交通与土地利用系统进行优化。该模型的约束条件对城市土地利用与交通变量的合理取值范围进行了严格的限定。Chang 和 Mackett（2006）在研究交通系统与居住区位的关系过程中利用双层规划理论构建了竞租网络均衡模型。Ying（2007）借助连续优化法完成了土地利用模型和交通网络敏感性分析，研究了城市交通定价和城市人口居住选址之间的关系。在其研究过程中，土地利用模型考虑了外生交通费用，交通网络考虑了弹性需求。

以数学规划为理论基础的模型以其明确的目标定位、较强的预测能力等优势得以广泛应用。然而，在研究实际问题时，模型框架对约束条件的简化，降低了模型的可信度，从而影响其应用的有效性。

（3）基于空间投入产出方法的模型。

投入产出分析建立了产业体系中产业部门之间的经济联系模式。在以 Lowry 模型框架为逻辑基础的城市发展过程分析工作中，投入产出分析将产业活动以外在变量的形式导入该模型框架，奠定了 Lowry 模型框架的经济学理论基础，扩展了 Lowry 模型框架的分析功能。具有代表性的模型包括 MEPLAN 模型、TRANUS 模型、PECAS 模型和 TLUMIP 模型。

MEPLAN 模型认为，研究区域中的交通系统和土地利用系统是两个平行的市场，同时彼此之间相互影响。在每个系统中，所有行为的发生都被认为是对价格或者类似价格信号（包括通勤的费用）的反应。该模型利用以土地利用模型为载体的城市空间经济系统和城市交通系统之间的相互影响来预测城市的交通需求，在表达方面则利用贸易流的形式（Trade Flows）去代替出行分布。在模型运行过程中，城市交通模型和城市土地利用之间一系列的迭代过程把上述贸易流（就业、服务、材料等）转换成对应方式的出行矩阵。在完成方式划分之后，借助多路径概率分配法将交通流分配到研究区域的道路网络中（Hunt，1993a，1993b，1994）。

MEPLAN 模型的运行模式中具有显著的动态机制，主要体现为利用上一阶段的土地利用模式及交通可达性影响目前阶段的土地利用模式，前一个阶段的基础设施和本阶段由土地利用产生的活动特征共同影响本阶段的交通系统。

De La Barra（1989）开发的 TRANUS 模型和 MEPLAN 模型在工作原理、模型结构及数据的输入、输出模式方面基本相同。可以模拟土地使用、房地产市场、交通系统中的活动，也可以在城市或区域范围内使用，从经济、环境、财税等方面来评估土地使用与交通之间的相互影响。

此外，Kockelman 等（2005）用多象限投入产出分析方法和随机效用理论对 MEPLAN 模型进行了拓展，并在扩展基础上模拟分析了得克萨斯州的生产活动、贸易活动与交通出行方式选择及出行路径选择之间的关系。

Hunt 等（2005）开发了 PECAS 模型，该模型是 MEPLAN 和 TRANUS 中的空间投入产出模型的推广。模型基于准动态平衡结构，利用不同的技术系数和购销两清的市场机制来模拟货物、劳动力和服务从生产到消费的流动过程。模型利用 NL（Nested Logit）模型依据产品的区位、供求关系、交通效用等原则来完成从产地到交易地，再从交易地到消费地的产品流通量分配。和其他的空间投入产出模型相似，本模型将贸易流转换为交通需求，并加载到交通网络中，计算拥挤情况下的出行时间。此外，模型中的空间交换价格将变化带入可用空间，模拟开发活动。模型系统以一年为一个周期，给定年份的空间出行成本和变化将会影响下一年的各种活动，包括交通流。PECAS 模型提供了基于活动的出行模块，以及土地开发的微观模拟，将地块作为分析单元（Hunt，2005；易汉文等，2006）。

PECAS 的运行尺度是大都市区，它可以像其他的投入产出模型一样，应用于大尺度范围。该模型的最新版本已经被作为土地利用与交通模型应用到美国俄亥俄州和俄勒冈州，在大都市区层面上被应用到了美国加利福尼亚州的萨克拉门托（Sacramento）、加拿大艾伯塔省的卡尔加里及埃德蒙顿（Calgary and Edmonton，Alberta）。

TLUMIP 模型由美国俄勒冈州运输和土地利用模式整合项目组开发。模型在土地利用方面是 PECAS 模型和 UrbanSim 模型的孵化器，在交通微观模拟方面是基于个人出行活动模式和汽车流、商品流及物流中转模型的孵化器，给俄勒冈州交通部门对全州范围内的交通、土地利用和经济问题之间关系方面的政策制定提供了有效信息（Weidner，2007）。

为了精细化模拟分析美国俄勒冈州的空间活动系统，Hunt 等（2001）设计的 Oregon 2 模型，将区域空间系统设计为 7 个相连的模块，每个模块依次模拟一年的情况。这 7 个模块分别是“ED 区域经济和人口属性”“PI 产品分配和相互作用”“HA 家庭分配”“LD 土地开发”“PT 人口出行”“CT 商业运输”和“TS 运输供给”。

（4）基于城市经济学理论的模型。

此类模型的理论基础均来自阿朗索（Alonso）的“竞标地租”观点，该观点揭示了交通的通达性、就业及居住的空间分布与地价之间的关系，并在此基础上建立了土地市场与交通市场的关系。模型认为，通常所有的行为个体在居住地选择过程中都遵循效用最大化原则，在这种原则的支配下，行为个体的居住地选择结果是对住房价格和交通费用的折中。这种折中可以表达为竞租函数，即住户愿意对每一个居住地点所付的总费用函数。此外，从供给方面考虑，假设每个居住地都被租金出价最高者获得。

竞租函数在已有的系列模型中得到广泛应用。Mills（1972a，1972b）通过引入线性规划对上述市场的均衡过程进行了进一步描述。在效用函数中，用住房替代土地，并提出了交通费用与住房选择之间的平衡关系，认为城市居民的居住区位选择是其对住房成本和通勤成本权衡的结果。在上述均衡运算过程中，当研究对象区域中所有收入类型的居民都对自己所处的区位表示满意，市场则进入稳定状态。Anas 等（1983）、Kim 等（1989）分别用熵最大化、网络规划理论对土地竞租过程进行了拓展，提出了解决交通和区位活动供需关系方法。Oppenhein（1985）建立了基于效用最大化的个体选择行为和在交通供应与出行需求之间寻求均衡的城市系统行为之间的联系，在此基础上构建了基于 Logit 的均衡活动分布模型（赵童，2000）。Moore（1995）基于 Mills 的城市系统模型，增加考虑了环境因素，构建了土地利用、交通与环境的一体化模型（LUTE）。

Simmonds（1999）开发了 DELTA 模型，该模型是一个建立在土地利用和交通互动的动态模型系统基础之上的土地利用模型。该模型系统划分为代表空间和代表活动的两个进程模块。代表活动进程模块包括家庭的组建和解散、就业的增加和降低、区位与房地产市场、个人的就业状况。代表空间进程的模块包括预测可用的楼面面积数量和质量。DELTA 模型的特点就是试图添加特定变量去预测区位选择。就居住区位而言，特定变量涉及当地收入和空置率。因此，发展的质量会随着时间的推移而改变。DELTA 模型在英国和西欧的很多地方得到应用。

Anas（1994）开发的 METROSIM 是其开发的 CATLAS 模型的增强版，模型的服务对象是纽约大都市区。METROSIM 模型组建了一个大都市区房地产市场的动态模型和一个商业建筑面积市场模型。完整的模型系统将就业、住宅和商业地产、闲置土地、居民、就业和非就业出行及交通分配进行了有机结合。该系统的最新扩展形式是 Anas（1998）提出的 NYMTC-LUM 模型。NYMTC-LUM 模型是 METROSIM 模型的简化版，旨在促进纽约市公交系统的过境政策变化的评估。该模型略有细化，增加了区域劳动力市场子模型，使用了非常小的研究基本单元，以更好地模拟运输和汽车网络流。模型的融合性决定了住房价格和建筑面积租金的内生性，利用通勤形式选择模型中的基础设施作为土地利用模型可达性的输入指数。

由智利学者 Francisco Martı'nez（1996）开发的 MUSSA 模型是一个城市土地和建筑开发市场实证模型。在理论方面，该模型以严谨的微观经济学理论为基础，构建了供给和需求之间的均衡关系；在结构方面，该模型与四阶段模型完整对接，合并后被称为 5-LUT。该模型已经被应用于评估各种交通运输或者土地利用政策。东京大学的 Nakamura（1983）团队为东京都市区推出了计算机辅助土地利用与交通分析系统（CALUTAS），后来传播到了横滨，Miyamoto（1989）开发了 RURBAN 模型。该模型结构原理与 MUSSA 模型类似。

（5）基于微观模拟的模型。

微观模拟模型旨在具有代表性的个体代理（个人、家庭、企业等）水平层面，建立城市的综合微观模拟系统，模拟全体城市人口的行为兴趣。

比较著名的有 Kain 和 Apgar（1985）开发的 HUDS（Harvard Urban Development Simulation）模型；英国的 Mackett（1983，1990a，1990b，1991a，

1991b）开发的就业、居住与交通微观模拟分析模型 MASTER（Micro-Analytical Simulation of Transport, Employment and Residence）; Paul Waddell等研究者将微观模拟的方法和已有城市交通与土地模型思想进行融合，构建了 UrbanSim 系统。最新开发的有 ILUMASS 模拟系统和 ILUTE 模型。

HUDS 模型利用概率原理在特定区域内随机调查，归纳总结特定类型出行者的分布、出行方式等，构建详细的出行模式，为规划工作提供参考和依据。MASTER 模型用蒙特·卡洛法对家庭及个体的决策行为过程进行模拟。在交通模拟方面，该模型主要针对车辆拥有者、机动车驾照持有者、机动车辆可得性以及就业通勤方式等，它们是个体属性（性别、年龄、收入水平、家庭成员构成与通勤成本）的函数。MASTER 模型采用 Logit 模型划分出行方式，该模型中没有包括非就业通勤。UrbanSim 系统综合考虑土地利用、交通运输、政策因素等多个方面，对城市发展进行完整规划和分析。该模型的研究对象为城市发展过程中的主要经济、社会部门，以年为单位，对研究区域进行准动态化仿真模拟。

德国多特蒙德大学的一个研究小组（Moeckel，2003）开发了 ILUMASS 模拟系统，该模型基于 Wegener 的经验和 20 世纪 80 年代的 IRPUD 模型。ILUMASS 模型中嵌入了一个城市交通流的微观动态仿真模型，增加了土地利用变化和房地产模块。ILUMASS 模型中的微观模拟单位包括人口变化、家庭形成、住宅和非住宅结构、企业生命周期、住宅在区域房地产市场中的流动、劳动力在特定区域的劳动力市场中的流动。这些模块与日常活动参与、出行及商品流动相关。活动/出行模块所需的数据来源于人工调查问卷。这一数据采集的创新使模型能够获得活动和旅游行为的实时信息，避免了需要受访者回忆他们之前的活动。ILUMASS 模型的 GIS 组件综合了基于栅格和矢量的表示，考虑了土地利用表达过程中空间离散的优势和运输网络模型中应用高效的网络算法。

加拿大大学和多伦多大学的主要研究人员（Salvini and Miller，2005）开发的 ILUTE 模型是迄今为止最完整的微观模型。这个经过长期努力得到的产品旨在设计一个理想的交通与土地利用仿真模型，ILUTE 围绕着一个行为核心，包含了 4 个相互关联的部分：土地利用、区位选择、汽车所有权和活动/出行模式。该模型和依托更高级别的（长期的）决策形成的反馈机制紧密结合，如住宅流动性，影响较低级别（短期）的决策（如参与活动和出行）。ILUTE 模型不是一个简单的建模技术（如随机效用），而是用多种建模方法在模型中展示代理人的行为，如随机效用模型、状态转换模型、计算规则为基础的模型、学习模型和已有方法的融合。

ILUTE 模型的运输模块非常复杂，包括汽车交易和活动日程两个子模型。活动日程子模型利用事件的时间和空间描述活动特征，各种日程的安排取决于代表时间的参数（Roorda et al，2005）。未来的发展计划包括增加了一个网络模型，该网络模型用来提供出行的时间和成本，并和参与活动的正式模型相结合。和最全面的微观仿真模型一样，ILUTE 模型仍然处在一些子模型的校准阶段，但是出行需求模块已经在政策模拟中得到应用（Roorda et al，2005；Iacono et al.，2007）。

Wegener（1982）和他的同事们在多特蒙德大学一起开发了 IRPUD 模型。IRPUD 模型相当复杂，包含 7 个相互关联的子模型：居住地变化、企业搬迁、住宅和非住宅建设、年龄、复兴和拆迁、工作变动以及汽车保有量/出行需求。IRPUD 模型的一个特点是包括了土地利用的微观模型，该模型运行时土地利用随着时间的推移而改变。IRPUD 模型的另一个可取特点是允许在不同的空间尺度上使用不同的子模型（研究区域内的位置发生在微观尺度，而土地开发则发生在微/道一级尺度）。这些功能在一些新的城市微观模拟模型中得到体现。作为一个实际问题，IRPUD 模型可以被归纳为空间相互作用模型，因为它用重力模型分配土地利用的分布。

（6）其他类型的模型。

荷兰埃因霍温科技大学的 Veldhuisen 等（2000）开发了基于日常活动出行模式的区域规划微观模拟模型（RAMBLAS）。该模型被用来评估土地利用、建设方案及道路建设带来的预期和意想不到的后果。RAMBLAS 模型的主要目标是预测个人活动与相关交通流量的空间分布，并输出特定时间段内的住所空间布局预测以及家庭住宅和交通网络的空间分布。

Haag 等（2008）开发的 STASA 模型旨在模拟不同政策对德国斯图加特市城市蔓延的降低或控制效果。模型框架由交通、城市和区域子系统构成，子系统之间相互作用，没有使用任何均衡假设，着重模拟在不同政策环境的影响下，交通流再分配和城市人口迁移之间的关系。

Landis（1994）开发的 CUFM 模型旨在预测 2010 年加利福尼亚湾以北地区的人口增长的区位、模式和密度，具备可替代的监管和投资政策措施的职责。模型建立在两个主要分析单元之上：城市区域与可发展的土地单元。在模型的需求方面，模型框架中的人口增长建立在城市人口增长趋势基础之上；在模型的供给方面，发展潜力由可发展的土地单元获得。模型架构由 4 个相互关联的子模型构成：自下而上的人口增长子模型、空间数据库、空间分配子模型及附加编入的子模型。

Anderstig 和 Mattsson（1991）构建的 IMREL 模型用来分析和评估区域规划中的土地利用和交通政策，该模型在瑞典的斯德哥尔摩地区得到应用。该模型将一个规范的住宅区位子模型和一个就业区位预测子模型相互结合。作为需求方面的住宅区位子模型被构想成一个嵌套的居住区位和交通共同选择模型中的多项式逻辑模型。模型假设通勤成本是影响区位选择的主要因素。就业区位预测子模型基于如下假设：劳动力可达性是一个战略性区位因素。这两个子模型相当于在熟悉的 4 阶段模型中进行滞后分配和提前分配的划分。

交通和环境政策影响仿真模型（TRESIS）由悉尼大学的 Hensher 和 Ton（2001）开发。该模型被用来评价大量的关于城市出行行为和环境影响的相关政策。该模型在悉尼地区得到应用，而且在应用过程中被嵌入决策支持系统中，作为对决策者很有吸引力的工具之一。

METROSCOPE 模型基于地理信息系统（GIS）平台，将经济发展、土地利用和交通整合在一起，形成一个综合模型。三个模块分别为：经济预测模块（economic model）、土地利用模块（land use real estate location model）和交通需求预测模块（travel model）。该模型能够为评估土地和交通政策对住宅和商业区位选择产生的影响提供依据；还可以给政策制定者提供有关房屋类型结构的信息；反映市场对房地产需求的反应，衡量市场供给和需求之间的差异；交通需求预测模块能提供详细的通行时间、模式选择及各道路段交通流量的相关信息（Conder，2000）。

三、中国城市交通系统与土地利用关系研究进展

从 20 世纪 90 年代，国内学者们就开始关注城市交通系统与土地利用关系研究，并获得了比较丰富的研究成果，主要涉及文献综述研究、理论探讨研究、实证研究和模型研究 4 个方面。

（1）在文献综述研究方面，对国外城市交通系统与土地利用关系的理论探讨、模型模拟和规划实践 3 个方面的介绍，并在此基础上，分析对国内城市交通系统与土地利用研究的启示（范炳全等，1993；徐永健等，1999；毛蒋兴等，2004；王缉宪等，2009；王真等，2009）；并对我国城市交通系统与土地利用互动关系方面的研究进展进行了详细综述（毛蒋兴等，2002）。这些为国内本领域研究工作提供了丰富的借鉴资料。

（2）在理论探讨研究方面，早在 20 世纪 90 年代就受到国内学者的关注，包括论述交通规划和土地利用关系的理论分析和案例研究（刘冰等，1995；曲大义等，1999；曹小曙等，2000；陈燕萍，2000），并在分析基础上提出了解决土地利用规划和交通规划的思路。

（3）在实证研究方面，学者们试图借助土地利用和城市交通系统之间的关系分析完成部分地区的交通系统与土地利用一体化的规划研究。在城市内部交通与土地利用方面，毛蒋兴等（2005a，2005b）以广州市为案例，做了大量的研究工作。在全面分析广州城市土地利用模式特征基础上，提出了广州可持续交通模式，在城市交通系统对城市土地利用造成的影响方面进行了系统全面的研究。钱寒峰等（2010）、许炎等（2010）分别从不同角度表达了城市交通系统与土地利用一体化规划的方法。在区域尺度上的交通与土地利用方面，曹小曙等（2007）指出要适当地控制交通干线的建设规模和选址，以稳定土地利用类型变化的速率，使整个珠三角地区的发展模式朝着良性、可持续的方向迈进。

（4）在模型研究方面，与国外相比，国内的城市交通系统与土地利用关系的模型研究有较大的提升空间。主要停留在对已有模型框架的直接引进并开展案例分析，模型框架探索工作处在起步阶段。

在直接利用国外数学模型软件或插件的实证案例研究方面，UrbanSim受到的关注最广泛，在多个案例城市得到应用（段瑞兰等，2004；吕小彪等，2006；史进等，2012，2013；郑思齐等，2012；顾芳等，2013）。王树盛（2010）利用 TRANUS 软件平台结合昆山实际创建了交通与土地利用一体化分析模型，通过对 2008 年的模型模拟输出结果与观测数据的比较对模型的参数进行了校核，验证了模型的可靠性，并以对轨道交通与城市空间布局的关系的分析为例说明了模型的应用。刘文芝等（2013）介绍了加拿大学者基于 24 小时个人行为和活动的非集计动态 ILUTE 模型，应用 2008 年北京市居民出行 2 809 份调查样本数据对出行方式选择行为进行模拟，并提出了对此模型的本土化研究展望。

在模型框架探索方面，王燚等（2015）开发了土地使用和城市交通一体化规划支持系统 LUTIPSS。该系统是基于 ArcGIS Engine 开发的，包含地图操作、空间规划和交通规划 3 个模块。地图操作、空间规划这两个模块包含创建格网、空间需求、空间供给和空间分配的功能，输出最优的土地使用布局；交通规划模块包含传统的四步骤交通模型的功能。LUTIPSS已经成功地应用到两个中等城市漯河市和南阳市城市的总体规划中，以刻画未来的城市布局和交通发展模式。龙瀛（2016）建立了一套多尺度、多维度的城乡空间发展模型：BUDEM（Beijing Urban Development Model）。该模型由土地开发模块（宏观与微观）、人口空间化与属性合成模块、居住区位选择模块、企业区位选择模块以及基于活动的交通出行模块构成，可以对城市扩张与再开发进行模拟，并进行相应空间政策的评估。牛方曲构建了模拟城市活动空间分布的 SDA（Spatial Distribution of Activities）模型，并以北京市为例模拟土地利用政策对城市空间发展的影响（牛方曲等，2018，2019）；赵鹏军等在梳理已有主流模型的理论特征的基础上，提出新的城市土地利用与交通一体化综合均衡模型理论框架，并在关键变量的核心算法创新方面做了理论探索（赵鹏军，2020）。

本章小结

一、国内城市空间结构研究有待深入

伴随着城市化发展阶段的演变，影响城市空间结构主导因素的转变，国外城市空间结构研究已经实现了从最早单纯的城市形态研究，到关注城市经济、社会和环境系统研究，再到全球化背景等新城市发展环境影响研究的飞跃。城市空间结构的研究内容非常丰富，理论体系比较完备，研究深度和广度在不断增加。

改革开放以来，中国城市化加速发展，各种城市问题纷纷出现，给城市管理和规划工作带来了诸多的挑战。相对于城市的发展态势，中国城市空间结构方面的研究工作相对滞后。已有研究更多地停留在推理和解释层面，以归纳总结的方式探索城市空间结构影响因素的演变特征，比较城市空间结构的特征变化来解释二者之间的关系。这种关系的表述多停留在定性论述，城市空间结构变化与影响因素之间的数理关系表达还比较欠缺。数量化虽然不能解决所有问题，但是其直观特性是定性表达所不能及的，因此，城市空间结构研究中的数理分析有待进一步加强，并提升理论的解释能力和演绎预测能力。

二、国内城市交通系统与土地利用理论和实践演绎需进一步加强

城市交通系统与土地利用之间存在着一种互动机制，二者相辅相成、相互影响，共同支撑着城市空间结构的演化进程。城市的土地利用模式不仅是城市布局形态的反映，也是城市的交通流量来源、交通供需特征和通勤方式选择的决定因素。反之，城市空间结构的形成和土地利用模式也会受到城市交通模式的影响。因此，研究土地利用与交通是城市空间结构研

究工作的重要部分。

国外在交通与土地利用关系研究方面积累了丰富的经验，其内容主要包括交通与土地利用关系模型研究、规划模式实证与理论研究、交通与土地利用发展战略研究三大方面。研究视角主要集中在交通与土地利用相互影响方面，分别从宏观、实证、静态角度展开研究工作，所获得的研究成果对二者的相互影响做出了一定程度的解释。研究重点主要集中在城市交通对城市的空间形态、用地格局和地价的影响；土地要素对城市交通系统的影响；城市土地利用与交通关系模型构建和应用方面。此外，基于模型框架开发了丰富的模拟分析软件，并广泛应用于实际问题的解决。

我国学者的研究主要集中在城市交通与土地利用之间的相互关系、空间布局关系及二者规划之间的相互关系等方面，但大多侧重于宏观层面的关系研究。研究中尽管注意到社会、经济等因素的重要性，但其思想仍未真正渗透到理论、模型和实践研究中。因此，我们需要在借鉴国外经验的基础上积极展开基于我国自身特色的城市土地利用与交通模型系统的深入研究。

第三章　Lowry 模型的发展历程

Lowry 模型因运作性强、所需要的参数不多、数据量适中的特性优势，在分析城市系统主要变化所产生的影响方面得到广泛应用。该模型利用迭代方式完成城市就业在不同区域的空间配置，其逻辑结构不仅体现出随机性特点，同时也暗示先前发生的事情对随后情况产生的影响。基本 Lowry 模型没有严格的经济行为理论，而且对产业部门进行高度综合（划分为基本经济部门和非基本经济部门），同时忽视了城市发展供给方的作用，其自身的优点使它具有很强的生命力，迄今为止，获得了很大发展。

第一节　Lowry 模型的基础框架

一、模型中的部门

Lowry 模型将城市职能部门归纳为基本经济部门、非基本经济部门和居住部门（Lowry，1964）。其中基本经济部门的产品或服务越过了城市的边界，供城市以外的地方消费，是外生的（在模型运行之前确定）；非基本经济部门包括本地批发零售、当地政府和学校等，他们的产品或服务在城市边界以内被消费，是内生的（在模型运行后生成）；居住部门包括基本经济部门和非基本经济部门的就业人口，主要研究居住人口的区位和规模，也是内生的（由本模型决定）。

二、模型的运算逻辑

Lowry 模型由两个模块组成，分别为经济基础模型和重力模型。首先通过对研究区域的测算和预报，给定研究区域内的基本经济部门的产品或服务规模，进而能够获取基本经济部门的就业人口规模；其次由基本经济部门的就业人口推算出城市的服务人口和总人口；最后用重力模型，在基本就业人口的就业区位已定的前提下，安置服务人口的工作区位和城市居住人口的居住区位。

三、模型结构特征

Lowry 模型的逻辑结构可以用 9 个方程和 3 个不等式表示出来。具体公式如下：

$$A_j^H = A_j - A_j^u - A_j^B - A_j^R \quad (3\text{-}1)$$

$$P = f\sum_{j=1}^{n} E_j \quad (3\text{-}2)$$

$$P_j = g\sum_{i=1}^{n} E_i \tilde{f}(C_{ji}) \quad (3\text{-}3)$$

$$P = \sum_{j}^{n} P_j \quad (3\text{-}4)$$

$$E^{RK} = a^K P \quad (3\text{-}5)$$

$$E_j^{RK} = b^K \left[c^K \sum_{i=1}^{n} P_i f_K(C_{ij}) + d^K E_j \right] \quad (3\text{-}6)$$

$$E^{RK} = \sum_{j=1}^{n} E_j^{RK} \quad (3\text{-}7)$$

$$A_j^R = \sum_{K=1}^{m} e^K E_j^{RK} \quad (3\text{-}8)$$

$$E_j = E_j^B + \sum_{K=1}^{m} E_j^{RK} \quad (3\text{-}9)$$

$$P_j \leqslant Z^H A_j^H \quad (3\text{-}10)$$

$$E_j^{RK} > Z^{RK} \quad (3\text{-}11)$$

$$A_j^R \leqslant A_j - A_j^u - A_j^B \quad (3\text{-}12)$$

其中，A 代表土地面积；E 代表总就业；P 代表总人口数；C 代表旅行成本；Z 代表约束量；u 代表不可利用土地；B 代表基本部门；R 代表非基本部门，也称作零售业部门；H 代表住户部门；m 代表零售部门分类的数目；K 代表零售部门的分类号；i,j 代表区域编号；n 代表区域的数目，即城市划分为 n 个区域；f 代表城市就业率的倒数；$\tilde{f}$ 代表旅行成本 C_{ij} 的减函数；C^K 和 d^K 代表居住人口分布和就业分布对服务性活动区位的吸引权重。

参数 a^K 、b^K 、c^K 、d^K 、e^K 、f 、g 、Z^H 和 Z^{RK} ，A_j, A_j^u, A_j^B 以及 E_j^B 的值均预先给定，函数 $\tilde{f}$ 和 f_k 也提前确定。

四、模型的算法结构

Lowry 模型试图模拟城市就业人口选择居住地的实际行为。模型的计算程序大致如下。

第一，将研究对象划分为若干个子区域，并假设在每个子区域内已知本区域基本经济部门的规模，并在此基础上，计算出该区域的基本经济部门的就业人口数量。

第二，根据有约束的空间相互作用模式（各子区域到基本经济部门工作地的可达性）计算这些基本经济部门就业人口的上、下班旅行分布，得到这些就业人口的居住空间分布格局。

第三，由居住在每个子区域的就业人口计算出本区域的家庭数量，同时应该满足的约束条件是每个区域的家庭密度必须不超过模型给定的约束上限。

第四，计算出各区域居住人口所吸引的服务业（非基本经济部门）就业岗位数，同时应该满足的约束条件是每个区域的服务业就业人口数量必须高于模型给定的约束下限。

第五，根据有约束（各子区域到非基本经济部门工作地的可达性）的空间相互作用模式计算服务业就业人口的旅行分布，得到非基本经济部门就业人口的居住空间分布格局。

第六，在步骤五的基础上算出非基本经济部门就业的连带人口居住空间的分布格局。

第七，这些从事非基本经济部门就业的连带人口也需要人为他们服务，从而计算出为步骤六得到的人口服务的第二轮非基本服务就业人数。然后返回步骤五，算出这些人的居住空间分布格局，进而算出他们连带人口的居住空间分布，上述过程进行循环，一直循环到模型收敛趋于稳定（图 3-1）。

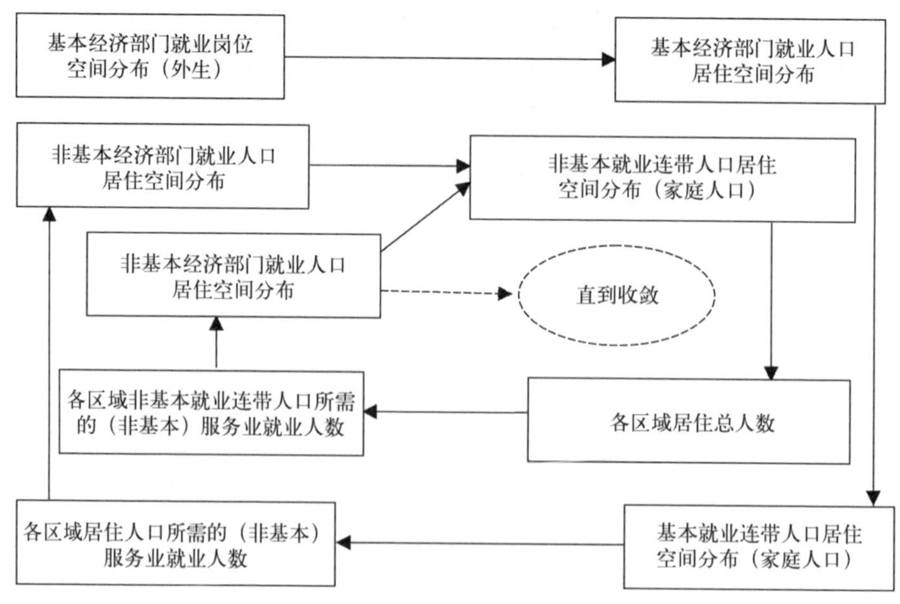

图 3-1　Lowry 模型的算法结构

资料来源：梁进社教授授课课件。

第二节　Lowry 模型发展历程

1964 年以来，学者们在基本 Lowry 模型框架的基础上发展了一系列土地利用模型，这些模型不仅扩展了 Lowry 模型框架的表现形式，也推动了 Lowry 模型框架的实际应用进程。其中，20 世纪 60 年代，在数量革命的推动下，Lowry 模型框架的推广工作得到了蓬勃发展，并被积极地应用到实际规划工作当中。由于不同学者关注重点的不同，因此，他们对 Lowry 模型框架的推广方向也有所不同。笔者将 Lowry 模型的扩展形式进行简单梳理（表 3-1）。

表 3-1 Lowry 模型的重要扩展形式

作　者	名　称	时间
I. S. Lowry	The Lowry Model	1964 年
J. P. Crecine	TOMM（Time Oriented Metropolitan Model）	1964 年
W. Goldner and R.S. Graybeal	BASS Ⅰ（Bay Area Simulation Study）	1965 年
Roger and R. A. Garin	Garin-Lowry Model	1966 年
G. Feldt	CLUG（The Cornell Land Use Game）	1966 年
J. P. Crecine	TOMM Ⅱ，A Dynamic Model of Urban Structure	1968 年
W. Goldner	PLUM（Projective Land Use Model）	1970 年
A.G.Wilson	Enlarged Conceptual Framework	1969 年
E. L. Cripps and D. H. S. Foot	A Sub-Regional Model	1969 年
E. L. Cripps and D. H. S. Foot	An Expanded Sub-Regional Model	1969 年
E. L. Cripps and D. H. S. Foot	The Urbanization Effects of a Third London Airport	
M. J. Batty	Northwest England	1969 年
M. J. Batty	Nottingham-Derby	1969 年
M. Echenique，D. Crowther，and W. Lindsay	A Model of a Town（Reading and Stevenage）	1968 年
J. R. Stubbs and B. Barber	The Ljubljana Model	1970 年
G. A. Wilson	A Family of Spatial Interaction Models and Associated Developments	1981 年
S. M. Macgill	The Lowry Model as an Input-Output Model	1977 年
S. H. Putman	ITLUP（The Integrated Transportation and Land Use Package）	1978—1993 年
Mackett	Leeds Integrated Land-Use Transport Model（LILT）	1983—1991 年
M. Medden and P. Batey	Linked population and economic models	1983 年
H. W. Richardson and P. Gordon	SCPM（Southern California Planning Model）	1989—1993 年
Myung-jin Jun	Incorporating a Multizonal Input-Output Model into an Urban Land Use Allocation Model	2002 年

资料来源：William Goldner（1970）基础上整理。

一、20 世纪 70 年代之前的第一次繁荣

在 Lowry 模型的扩展研究中，不乏大量学者对模型发展进行综述和对比，促使 Lowry 系列模型体系不断完善。Goldner（1970）对这一时期的 Lowry 模型框架扩展进行了全面、细致的综述。Goldner 借助每个模型的记录报告及实验模型，通过对各个模型的对比，根据模型的扩展程度把这一时期所形成的模型扩展研究划分为三个发展阶段：理论完善阶段、实验检验阶段和应用操作阶段，并规定每个阶段都包含它之前的阶段。其中，理论完善阶段的特点主要表现在对 Lowry 模型框架的理论扩展，包括润色 Lowry 模型框架内的因果关系结构、变量及理论方法；实验检验阶段的主要特点则表现为对 Lowry 模型内任何概念的修正都需要面临数据、连续性实验及细节优化实验的检验；应用操作阶段最明显的特点就是通过对实验结果的预报、评估并申请在政策制定方面的应用（表 3-2）。

表 3-2　1970 年之前 Lowry 模型扩展形式的发展阶段

发展阶段	模型名称	区域划分数目
Conceptual	Garin-Rogers	不适用
	A.G. Wilson	不适用
Experimental	Lowry	456 个（包含虚拟分区单元共计 650 个）
	TOMM	189 个（包含城市周边分区单元共计 300 个）
	BASS Ⅰ	127（包含城市周边分区单元共计 260 个）
	CLUG	196（14 × 14 网格单元）
	Crecine	无记录
	Echenique，等（Reading）	130 个
	Echenique，等（Stevenage）	49 个
Operational	PLUM	291 个
	Cripps-Foot（Bedford）	70 个
	Cripps-Foot（Bedford and environs）	130 个
	Batty（Central and N. E. Lancaster）	51 个
	Batty（Nottingham-Derby）	62 个
	Ljubljana	123 个

资料来源：Goldner W（1970）。

这一时期的 Lowry 模型研究的创新设计的蓝本均在相同的概念框架下进行；用途扩展广泛，不同研究者依据不同的数据资源制定出不同的设计风格，变量获取范围广泛；相当高比例的模型扩展工作还仅限于实验层面，而没有进入实际规划项目应用阶段。这一时期，英国的研究者在概念、实验和操作层面成就卓越，成果丰富。这些成果是后来城市模型经历低谷但一直没有被放弃的重要原因。

二、20 世纪 70 年代的停滞

20 世纪 70 年代，计量模型应用过程中的不良反应在美国显现，主要的问题表现在模型所需资源的规模方面。由于当时的基础数据相对薄弱，计算机数据处理能力也非常有限，计量模型对数据的需求量和数据的可获得性之间的矛盾给模型模拟运算造成很大的困扰。基于上述原因，这一时期美国的计量模型运动受到了严重挫折。不仅很少有新的模型被开发，而且已有的模型框架也不能够达到其既定的目标（Klosterman，1994）。

以 Lee（1973）在 JAPA 上发表的“大尺度城市模型安魂曲”为代表的文章表达了对城市模型的反感。Lee 指出了大尺度城市模型存在的 7 个缺陷：过度综合、过度粗糙、数据量冗繁、模型误差、结构的复杂性、模型的机械性和成本高昂（朱玮等，2003）。这些针对数学模型缺陷的指责和当时计算机设备的计算条件限制了数学模型发展的脚步，甚至在一定时期内停滞不前。这样的模型开发和使用环境也延缓了 Lowry 模型的发展进程。

三、Lowry 模型发展的复兴

尽管城市模型不能解决需要面对的所有问题，城市模型领域在“大尺度城市模型安魂曲”之后几乎停滞不前，Lowry 模型系列也是如此。但不久，学者们在上述模型的基础上扬长避短，对 Lowry 模型框架进行了更深入的修正，并进一步扩展该模型框架的适用性。Wilson 等（1981）重新改写了 Lowry 模型，并加入对分配职能、居住和服务吸引力权重的考虑。Macgill（1977）提出的 Lowry 模型是一个投入产出模型。Macgill 的贡献主要体现在第一个试图通过构建城市投入产出模型获取城市内部要素之间的关系。以往的工作仅限于三个部门（基本就业、服务业和家庭）的考虑。Macgill 的扩展把出行旅行和非工作出行完整地融入投入产出模式的 Lowry 模型中。

然而，Macgill 的模型有很重要的理论和实践局限性。Macgill 的模型除了融入确定部门和确定区域的工作和购物旅行矩阵之外，该模型的运算公式乘数与空间投入产出模型里面的第二类乘数没有多大区别。Isard（1951）将区域间通勤流用每个经济部门从家庭到工作的出行矩阵表示。Macgill 的通勤和购物流信息方面的概念来自 Isard 的观点，但是，现实中区域和部门不可能那么详细。更典型的是，我们假定跨部门的通勤模式方面没有变化。

Batey 等（1981）和 Madden（1983）提供了 Miyazawa（1976）框架的扩展形式，该模式把收入支出的分配融入投入产出框架中。Madden（1985）在 Barras（1975）的以活动为基础的商品经济模式框架基础上提出了空间分布的人口统计学经济模型。该模型包括在投入产出框架下的通勤和购物出行矩阵，通过工作地和居住地分布确定就业分布。该模型中仍然利用通勤和购物旅行信息确定就业的空间分布。然而，该模型在空间配置分析方面还是存在一些局限性的。Madden 的多区域、多模型框架忽略了区域内的产业联系及生产过程在产业中的需求和供给。此外，该模型的主要目标是在一个区域尺度而不是城市尺度上构建经济活动与人口统计学变量之间的联系。

Mackett（1983，1991）开发了 Leeds Integrated Land-Use Transport Model（LILT）模型。LILT 模型融合了 Lowry 土地利用模型和传统的四阶段模型。根据就业通勤可达性方程和区域吸引力方程预测分配到区域的人口变化。LILT 模型的其他特点包括处理拆迁的能力、改变出租率和职位空缺率以及汽车保有量的子模型，该模型用车辆拥有量估计出路网旅行时间和成本。

Putman（1974，1983）开发的交通与土地使用整合分析包（the Integrated Transportation and Land Use Package，ITLUP）模型，被认为是第一个全面运作的交通与土地利用模型软件。ITLUP 模型在美国很多地方得到应用，该模型的校正已经超过了 40 次（Hunt，2005）。

本世纪初，ITLUP 模型框架得到升级，融入了新的子模型模块、新数据和新可视化工具(Putman, 2001)。这个新的软件包被称作 METROPILUS，这个软件包被嵌入地理信息系统（GIS）环境中，输出可视化得到很好的改善。METROPILUS 模型的其他重要功能包括多变量、多参数的吸引力功能，该功能包括了滞后条件，以更好地捕捉位置的动态。附加的区域约束能够限定无地可用区域的活动分配。模型中的土地供给由土地供给方程控制，该方程将 DRAM 和 EMPAL 中产生的就业人口和居住人口的区位需求转换为土地用途和强度。

为了评估区域交通改善项目的土地利用影响，进一步提高模型框架的界面友好度，Putman 和新泽西理工学院（NJIT）以 DRAM/EMPAL 模型为基础，开发了 TELUM 模型。该模型是由 FHWA 赞助的交通、经济和土地使用系统的一部分（Casper et al.，2009），旨在对指定规划地区的人口和就业以及对土地和空间的相应需求做长期预测，并提供易于理解和导航的用户界面和模型开发环境。在实践方面，该模型完成了 2000—2005 年期间的土地使用校正，然后对 2005—2035 年期间 6 个 5 年的土地使用增长进行预测。

Richardson 等（1993）及 Cho 等（2001）开发了一个城市投入产出模型，也叫“加州南部规划模型”(SCPM)，该模型在 Lowry 模型框架下融入了洛杉矶地区的区域投入产出模型。与 Macgill 不同的是，他们试图展示 Lowry 模型中的投入产出逻辑关系；Richardson 等利用 Lowry 模型实现给定投入产出框架下的经济影响空间分配。在 SCPM 投入产出模型框架下产生的经济影响再通过 Garin 的 Lowry 系列空间影响模型分配到空间尺度上。SCPM 的独特特点之一是它在总体分布影响中的间接影响及感性影响。在投入产出方面，直接影响是一个特定部门降低了生产的机会成本，间接影响是其他部门除了直接影响之外的影响。所有的供应商都有供应商，因此，有些间接影响在许多层面上是日益减弱的。造成的影响是对劳动部门的二次冲击。和 Lowry 模型不同的是其局外部门仅包括出口。SCPM 模型能够完整地追踪由家庭消费带来的经济影响。SCPM 最主要的局限在于间接影响的分配方面。SCPM 通过每个区域部门的就业比例来分配间接影响，而忽略了产业内的空间联系。

Myung-jin Jun 等（2002）在引入区域投入产出表的基础上，构建了新一代的 Lowry 模型，其中包括区域间投入产出模型和城市用地分配模型。提出了三种不同类型的模型：①无约束模型；②包含土地供给约束的线性规划模型；③修改后的双重线性规划方法，该方法在经济效益附加条件的基础上分配土地利用。修改后的双重线性规划改进了 Lowry 模型以及它的延伸模型的缺陷：①该模型具有扎实的理论基础，融入了投入产出模型的生产理论和最优化模型的行为理论。②被提议的模型分配土地的依据建立在均衡影子价格的经济效率基础之上。③该模型是一个最优化模型，能够完全确定土地利用需求的乘数效应下的空间和部门之间的关系。该模型的主要局限在于贸易系数矩阵中的元素与区域的产出无关，没有反映产业集聚区的潜能；土地消费正比例与产出，没有反映产业规模对土地消费的节约；没有最优化条件，无法显示模型的分析能力。这一模式优化的是产业选择，将地区的 GDP 最大化，没有考虑空间优化，即减少交通支出。该模型所应用的区域投入产出表自身存在构建难度大、准确性不高的缺陷，这些都影响了模型的使用范围。

全明振（Myung-jin Jun）和摩尔（James E. Moore）设计的均衡模型可简要地表示如下：

$$
\begin{aligned}
&(I-TA)X-\beta R^{c}=F \\
&W=\delta X \\
&R=T^{w}W \\
&R^{c}=T^{s}R \\
&\gamma X^{g}=L^{g} \\
&\phi X^{s}=L^{s} \\
&\sigma R=L^{R}
\end{aligned}
\qquad (3\text{-}13)
$$

在建立均衡模式之后，全明振和摩尔设计了一个线性规划模型，目标是将整个区域的 GDP 最大化。约束条件为：

$$\begin{aligned}&(I-TA)X-\beta R^{c}\leqslant F\\&W\leqslant\delta X\\&R=T^{w}W\\&R^{c}=T^{s}R\\&\gamma X^{g}\leqslant L^{g}\\&\phi X^{s}\leqslant L^{s}\\&\sigma R\leqslant L^{R}\end{aligned}\qquad(3\text{-}14)$$

其中：X：总产出向量；A：区域技术系数；T：区域贸易系数；δ：劳动需求系数向量；β：一个就业人口消费系数向量；γ,ϕ,σ：分别为加工业、服务业和居住用地需求系数向量；F：最终需求向量（扣除了当地消费）；W：按就业地的各区就业人口数量；T^{w}、T^{s}：分别为工作和购物旅行；R^{c}：按购物地的就业人口数；R：按居住地的各区就业人口数；L：土地需求；g：加工业；s：服务业。

四、Lowry 模型在中国的发展

20 世纪 90 年代，我国学者从学术研究的角度注意到了 Lowry 模型（杨涛等，1996；赵童，2000），对 Lowry 模型进行了横向和纵向的简单综述。但对这一领域的真正深入还是在 2000 年之后，随着我国城市交通问题的日益严峻，研究者越来越认识到了必须从土地利用和交通这一相互作用系统来分析和规划大都市区的产业、交通和居住布局（周素红等，2005；梁进社等，2005；陈佩虹等，2007）。但这些研究主要是介绍和简单地应用 Lowry 模型，针对模型本身的修正和模拟研究还很少。

梁进社、戴特奇等在已有模型的基础上，进一步考虑了规模报酬递增的影响，构建了非线性 Lowry 模型框架，并利用 Kuhn-Tucker 条件对模型参数进行了经济学意义的解释。随后通过一个简单的三区域–三部门的模型模拟，说明了模型的可求解性，以及在理论和政策启发式研究中的应用价值，使 Lowry 模型的理论扩展和实际应用工作进入新阶段。随后该模型框架被借助遗传算法将非线性 Lowry 模型模拟范围扩展到九区域–三部门，为模型走向实证研究奠定了基础（周彬学等，2011）。

五、非线性 Lowry 模型结构特征

非线性 Lowry 模型基本框架如下，选择的目标最大化函数为：

$$\sum_{i=1}^{m}\sum_{k=1}^{n}Z^{(k)}x_i^{(k)}-\left\{\begin{aligned}&\sum_{i=1}^{m}\sum_{k=1}^{n}\sum_{j=1}^{m}\sum_{l=1}^{n}\left[a_{kl}x_i^{(k)}x_j^{(l)}\Big/\sum_{u=1}^{m}\frac{x_u^{(k)}}{c_{uj}^{(k)}}\right]+\sum_{i=1}^{m}H_i\sum_{j=1}^{m}\left(w_j\Big/\sum_{u=1}^{m}\frac{H_u}{c_{uj}^{w}}\right)\\&+\sum_{i=1}^{m}s_i\sum_{j=1}^{m}\left(R_j\Big/\sum_{u=1}^{m}\frac{s_u}{c_{ju}^{s}}\right)+\sum_{i=1}^{m}\sum_{k=1}^{n}\sum_{j=1}^{m}c_{ij}^{(k)}\left[x_i^{(k)}\beta_k R_j^c f(c_{ij}^{(k)})\right]\end{aligned}\right\}$$

（3-15）

其中的第一项为全区域的 GDP，之后各项分别为中间产品运输、工作出行、购物出行成本和区域内消费品运输成本。简而言之，目标是使在除去了运输成本之后的 GDP 达到最大，这是本模型与全明振和摩尔提出的模型的最重要的不同；约束条件的设置则与之类似，为式（3-16）~（3-23）：

$$x_i^{(k)}-\sum_{j=1}^{m}\sum_{l=1}^{n}\left[\frac{a_{kl}x_i^{(k)}x_j^{(l)}}{c_{ij}^{(k)}}\Big/\sum_{u=1}^{m}\frac{x_u^{(k)}}{c_{uj}^{(k)}}\right]-\beta_k R_i^c=F_i^{(k)}+\sum_{j=1}^{m}\left[x_i^{(k)}\beta_k R_j^c f(c_{ij}^{(k)})-x_j^{(k)}\beta_k R_i^c f(c_{ji}^{(k)})\right]$$

$$i=1,2,\cdots,m\ ;\quad k=1,2,\cdots,n \qquad (3\text{-}16)$$

$$w_i=\sum_{k=1}^{n}\delta^{(k)}x_i^{(k)} \qquad i=1,2,\cdots,m \qquad (3\text{-}17)$$

$$R_i=H_i\sum_{j=1}^{m}\left(\frac{w_j}{c_{ij}^{w}}\Big/\sum_{u=1}^{m}\frac{H_u}{c_{uj}^{w}}\right) \qquad i=1,2,\cdots,m \qquad (3\text{-}18)$$

$$R_i^c=s_i\sum_{j=1}^{m}\left(\frac{R_j}{c_{ji}^{s}}\Big/\sum_{u=1}^{m}\frac{s_u}{c_{ju}^{s}}\right) \qquad i=1,2,\cdots,m \qquad (3\text{-}19)$$

$$\sum_{k=1}^{V}\phi^{(k)}\left[x_i^{(k)}\right]\leqslant L_i^g \qquad i=1,2,\cdots,m \qquad (3\text{-}20)$$

$$\sum_{k=V+1}^{n}\phi^{(k)}(R_i^c)\leqslant L_i^s \qquad i=1,2,\cdots,m \qquad (3\text{-}21)$$

$$\sigma(R_i)\leqslant L_i^R \qquad i=1,2,\cdots,m \qquad (3\text{-}22)$$

$$x_i^{(k)}\geqslant 0\ ,\quad w_i\geqslant 0\ ,\quad R_i\geqslant 0\ ,\quad R_i^c\geqslant 0\ ,\quad i=1,2,\cdots,m\ ;\quad k=1,2,\cdots,n \qquad (3\text{-}23)$$

各个变量的含义如下：a_{kl}：投入产出模式中的中间投入系数，它们在各区域之间是相同的，没有差异的；$Z^{(k)}$：k 部门的增加值率；$F_i^{(k)}$：i 区域的 k 部门的净输出；$c_{ij}^{(k)}$：k 部门的单位产出从 i 区域运往 j 区域的运输成本；c_{ij}^{w}：i 区域的每个就业人口到 j 区域的上下班通勤成本；c_{ij}^{s}：i 区域的每个就业人口到 j 区域的购物通勤成本；s_i：i 区域的购物和服务魅力指数；H_i：i 区域的居住魅力指数；$\phi^{(k)}$：k 部门单位产出所需的就业人口；L_i^g：i 区域的工业用地约束量；L_i^s：i 区域的服务业用地约束量；L_i^R：i 区域的居住用地约束量；以上这些参数都是外定，也可以称作外定变量。

ϕ,σ：分别为加工业、服务业和居住用地需求系数向量；本模型还假设 $\phi^{(k)}\left(x^{(k)}\right)$ 为 k 部门产出所需的土地量，它是产出量的函数，是预先给定的。假设 $\frac{\mathrm{d}\phi^{(k)}\left(x^{(k)}\right)}{\mathrm{d}x^{(k)}}>0$, $\frac{\mathrm{d}^2\phi^{(k)}\left(x^{(k)}\right)}{\mathrm{d}x^{(k)2}}<0$，即土地具有规模报酬递增。$\sigma(R)$ 为就业人口所需的居住土地，为就业人口数的函数，是预先给定的，$\frac{\mathrm{d}\sigma(R)}{\mathrm{d}R}>0$, $\frac{\mathrm{d}^2\sigma(R)}{\mathrm{d}R^2}<0$，即规模报酬递增。

$x_i^{(k)}$：i 区域的 k 部门的总产出，为内生变量。R_i^c：在 i 区域期望的消费人数，为内生变量；β_k 为一个就业人口对 k 部门的消费支出，是外定参数，这样，$\beta_k R_i^c$ 就是 i 区域对 k 部门的消费支出；w_i：i 区域的就业人口数；R_i：i 区域的居住人口数，它们均为内生变量。

第三节 基于 Lowry 模型框架的模型软件包

在基于 Lowry 模型的系列模型中，应用范围最广的当属 1985 年 Putman 开发的基于空间相互作用的 DRAM/EMPAL 模型。基于 Lowry 模型框架的互动式土地利用和交通整合软件已经在美国许多地区（如休斯敦、底特律、凤凰城、洛杉矶、圣地亚哥等）的交通部门的土地利用预测中得到应用。

2009年，美国弗雷德里克堡地区城市规划组织的一份调查显示，68个使用土地利用和交通综合模型的调查对象中，DRAM/EMPAL模型占6%（图3-2）。为了适应实际应用中的新需求，模型正发展为METROPILUS模型。

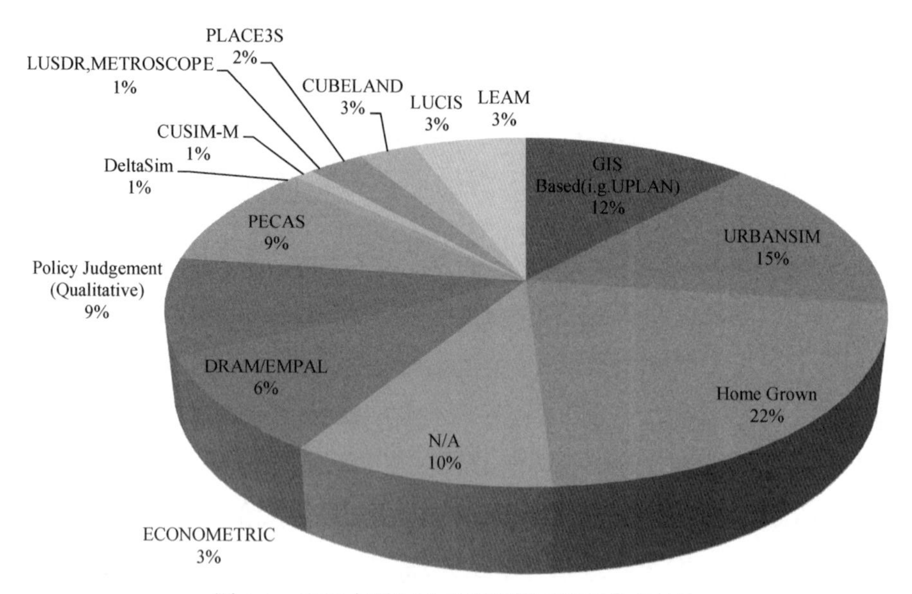

图3-2　2009年美国土地利用模型使用分布结构

数据来源：FAMPO: David J-H. LEE，2009 TMA/MPO Modeling Activity Survey.

DRAM/EMPAL已经在很多地方获得应用，有一定的自身优势，但也存在不少问题。按照U.S. DOT（2000）的观点，DRAM已经能够捕获超过85%的土地利用变化校准，而EMPAL除了服务工作，校准尚未成功。

（1）优点。

该模型有能力提出约束和其他影响，特别能够解释局部知识；所需的数据源有较强的可获得性；模型校准比较容易。

（2）不足。

模型集中在统计学意义的集中选择行为，而不是真正的个人选择；使用了简化的区位选择逻辑；除了对研究分区的特定限制和吸引力功能，很少或根本没有介绍规划政策；缺少多年基础设施变化带来的土地市场清算过程模拟；没有很好地体现区域政策带来的影响；不能体现出货币和非货币因素激励下土地利用的发展；自变量个数的限制可能会使一些基础设施改善产生的影响被低估；不能做敏感性分析；要让模型有效运行，必须参加特定的训练和验证（Zhao，2006）。

本章小结

本章以时间为顺序，对 Lowry 系列模型的理论框架、实践应用的发展历程进行了梳理，以期对模型的进一步发展奠定基础。主要结论如下：

原始 Lowry 模型由经济基础模型和重力模型两部分构成，其基本运算流程分两步进行：首先由经济基础模型在给定基本人口的前提下推算出城市的服务人口和总人口；然后利用重力模型，确定得到的服务人口的工作区位和城市总人口的居住区位。研究者们随后开发的 Lowry 系列模型均基于本模型的理论框架。

在该模型的理论扩张和实际应用中，国外已经取得了一系列成就。其中有阶段性意义的进步，有投入产出分析、最优化行为理论与 Lowry 模型的融合，拓展了城市的经济部门个数，而且考虑了部门间的相互依存关系；最优化理论使该模式具备一定的经济行为基础；熵最大化和随机效用最大化方面的努力，以及交通成本函数修正推动了交通模块的理论解释和扩展；全明振和摩尔以区域 GDP 最大化为目标，设计线性均衡模型，并在此基础上进行相应的对偶规划。

国内学者已经关注 Lowry 模型，并试图对模型进行发展，以期服务于城市交通土地问题的解决。采用非线性规划方法来建立并求解了一个结合了投入产出表和土地规模报酬递增的新 Lowry 模型，并进一步解释模型各项参数的经济学意义。

第四章　北京市城市空间格局特征分析

自1949年以来，北京市历次规划指引着城市的发展方向，也伴随着城市发展过程中出现问题的解决。1953年的《改建和扩建北京市规划草案要点》是新中国成立以来北京市城市规划的开端。该草案确定了城市中心区的行政中心功能、商业中心功能和近郊区的工业区功能的功能分区思路。1958年的《北京市城市建设总体规划初步方案》中正式提出了分散集团模式的城市空间布局规划思路，其基本内容包括：以已有的老城区为发展中心，在其外围由近及远建设两个发展集团圈层，临近地带的第一发展集团圈层由6个发展集团构成，地处最外围的第二发展集团圈层由10个边缘发展集团构成。所有发展集团均有自己的主要功能定位，并配套相应的服务设施；所有发展集团之间利用农田或者绿化带进行隔离，形成城乡交错的空间分布格局（潘泰民等，1983）。本次规划思路对北京的区域功能定位和土地利用、交通布局、公共服务设施配置、住宅分布等起了十分重要的作用（梁进社，2005）。1958—1966年，北京市的规划布局基本上按照上述模式进行。"文革"结束之后，1982年的《北京市城市建设总体规划方案》中重申按照分散集团模式进行城市空间布局，内容较1958年的规划更加细致。然而随后规划中提到的各个发展集团扩张迅速，地处近郊第一发展集团圈层的6个集团基本连成一片，城市空间扩展呈现明显的"摊大饼"模式。1992年的《北京市城市总体规划》中延续了20世纪80年代确定的分散集团模式布局，但不再提上版规划中的6个集团，而强调建设12个边缘集团，然而，快速的城市蔓延使其也演变成了明显的"摊大饼"式扩展。《北京市城市总体规划（2004—2020）》中提出了"两轴—两带—多中心"的城市空间发展战略模式，控制中心城规模，鼓励新城发展，疏解中心城人口和功能。分散集团模式下已积累的部门之间的相互关联和部门的空间依存惯性仍然深刻地影响着北京市的城市布局。

本部分从北京市经济发展、产业空间分布格局、居住空间分布格局和服务功能空间分布格局4个方面探讨2010年的北京市城市空间结构特征。

第一节　北京市经济发展及总体布局特征

一、北京市经济规模及产业结构发展特征

2010年，北京市的GDP为14 113.6亿元，人均GDP为75 943元/人，约为11 218美元/人，按照世界银行划分富裕程度的标准，北京市已迈入中等富裕城市行列。2010年，全国人均GDP为29 992元，绝对差距为45 951元。北京市的经济发展远高于全国平均水平。

北京市第三产业占据主导地位。与上海市、广州市相比，北京市第三产业优势明显（表4-1），产值比重占GDP的75.1%，远高于上海市的57.3%和广州市的61%。

表4-1　北京市、上海市和广州市各产业的就业和产值比重（2010年）

	北京市		上海市		广州市	
	就业比重（%）	产值比重（%）	就业比重（%）	产值比重（%）	就业比重（%）	产值比重（%）
第一产业	6	0.9	3.4	0.7	10	1.8
第二产业	19.6	24	40.7	42	39.7	37.2
第三产业	74.4	75.1	55.9	57.3	50.3	61

数据来源：《北京市统计年鉴2011》《上海市统计年鉴2011》《广州市统计年鉴2011》。

在《北京市城市总体规划（2004—2020）》中，确定北京市的城市性质为全国的政治中心、文化中心、世界著名古都和现代国际城市。按照规划中的城市性质和功能定位，产业结构仍然会进一步调整。第一产业着重调整农业结构，发展现代都市型农业。第二产业大力支持发展电子信息、光机电、生物医药、汽车制造、新材料等高新技术产业和现代制造业，鼓励

发展服装、食品、印刷、包装等都市型工业，限制和转移无资源条件的高消耗、重污染的产业。大力发展第三产业，重点支持发展金融、保险、商贸、物流、文化、会展、旅游等产业，使产业发展符合首都经济发展的方向，提升城市核心功能。

二、北京市产业空间分布格局

城市经济规模的空间分布格局是决定城市就业空间布局和人口空间布局的重要基础，也是构造城市空间结构基本框架的原始动力。随着北京市城市经济总量增长和产业结构的优化调整，城市产业空间布局特征也呈现出新的特点。本部分将分别从GDP、地均GDP和人均GDP的空间分布格局三个角度分析北京市经济规模的空间分布特征。其中，每个地区的GDP代表了该地区在全市经济中的地位；各地区的地均GDP和人均GDP分别从不同侧面代表了该地区经济效率的高低。

（1）北京市GDP的空间分布格局。

2010年，北京市GDP总量的空间分布格局呈现显著地从城市中心区到城市外围区逐渐降低特征。《北京市“十一五”时期功能区域发展规划》将北京市的16个区从总体上划分为首都功能核心区、城市功能拓展区、城市发展新区和生态涵养发展区4类。首都功能核心区的GDP占全市GDP总额的23.75%；其中东城区和西城区的GDP分别为1223.6亿元和2057.7亿元。城市功能拓展区的GDP占全市GDP总额的46.8%，其中海淀区和朝阳区的GDP分别为2771.6亿元和2804.2亿元，分别位居北京市区GDP总量排名前两位，其次是丰台区和石景山区，分别为734.8亿元和295.5亿元。城市发展新区的GDP总量占全市GDP总额的21.2%；其中房山区、大兴区（包括北京开发区）、通州区、顺义区和昌平区的GDP总量分别为1009.5亿元、311.9亿元、344.8亿元、867.9亿元和399.9亿元。地处最外围的生态涵养发展区的GDP总量仅占全市GDP总额的3.98%，其中怀柔、平谷、密云、延庆和门头沟的GDP分别为148.0亿元、117.9亿元、141.5亿元、67.7亿元和86.4亿元。

（2）北京市地均 GDP 的空间分布格局。

北京市的地均 GDP 从城市中心区到外围区域递减特征显著。首都功能核心区的东城区和西城区的地均 GDP 最高，分别达到 29.229 亿元/km^2 和 40.721 亿元/km^2。城市功能拓展区的海淀区、朝阳区、丰台区和石景山区的地均 GDP 分别为 6.435 亿元/km^2、6.162 亿元/km^2、2.403 亿元/km^2 和 3.504 亿元/km^2。城市发展新区和生态涵养发展区的各区地均 GDP 均低于 1 亿元/km^2。说明从城市中心区到城市外围土地利用效率在逐步降低，城市中心区是土地利用效率最高的区域。

（3）北京市人均 GDP 的空间分布格局。

在人均 GDP 方面，城市中心区的优势显著，空间上呈现城市中心区带动外围局部区跟进的空间布局态势。首都功能核心区的东城区和西城区的人均 GDP 最高，分别达到 13.31 万元/人和 16.55 万元/人。其次是位于城市功能拓展区的海淀区和朝阳区，分别为 8.45 万元/人和 7.91 万元/人。位于城市发展新区的顺义区异军突起，人均 GDP 高达 9.90 万元/人，远高于其同类功能区的其他区，也高于城市功能拓展区的丰台区和石景山区。相对于上述区域，其他区域的人均 GDP 均小于 5 万元/人。

综上所述，北京市经济效率从中心带外围呈现严格的单中心辐射格局。由于行政区面积的差异，GDP 总量最高的是海淀区和朝阳区，但是这两个区的人均 GDP 和地均 GDP 与城市中心区有显著差异，说明城市中心区是北京市全市的经济竞争力核心地带。周边区域的各功能区经济总量也得到一定的发展，但与城市中心区相比，依然相对薄弱。

三、北京市“三产”结构的空间分布格局

（1）北京市各区产业结构空间差异。

2010 年，北京市全市一、二、三产的比重分别占到 0.9%、24.0%和 75.1%。第三产业在 GDP 中的比重占绝对优势。而在空间布局方面，不同区的“三产”结构也存在着显著的差异。

首都功能核心区的东城区和西城区的经济结构由占绝对优势的第三产

业和少量的第二产业构成。第三产业比重最高，占GDP比重分别达到95.44%和89.22%。第二产业分别为4.56%和10.78%。

其次是城市功能拓展区的海淀区和朝阳区，这两个区的第一产业仅有极少量发展，比重均为0.05%。第三产业比重也很高，仅略低于城市核心区，分别高达85.55%和88.51%。对全区经济起着决定性作用。相应的第二产业比重略微上升，分别为14.4%和11.44%。

同样位于城市功能拓展区的丰台区和石景山区依然以第二、第三产业为绝对主导，与前四个区相比，第二产业比重有较显著的提高。其中，第三产业比重分别为75.62%和56.99%。第二产业比重分别为24.24%和43.01%。

城市发展新区及生态涵养发展区的区与上述两个区域相比较，第一、第二产业的产业比重上升显著，第三产业在经济结构中的比重进一步下降。第三产业比重高于50%的区仅有顺义区为54.4%，大兴区为56.77%和延庆区为59.29%。而第二产业比重高于45%的区数量有所增加，分别是房山区的64.00%，通州区的48.60%，昌平区的49.08%，门头沟区的51.44%，怀柔区的60.58%，平谷区的46.50%，密云区的45.17%。第一产业在所有区的总产值比重均比较小，高于10%的区只有3个，其中最高的为延庆区，比重为12.66%。

（2）北京市各区“三产”产值占全市总产值比例。

本部分分别分析3个产业总产值的空间分布格局，进一步揭示北京市第一、第二和第三产业的空间分布现状。

北京市的第一产业主要分布在城市发展新区及生态涵养发展区。首都功能核心区的第一产业产值总额不超过北京市第一产业产值总额的3%，城市发展新区是北京市第一产业的主要发展区域，房山区为11.63%、通州区为11.88%、顺义区为17.91%、昌平区为4.53%，大兴区为14.17%，这5个区的第一产业总产值占北京市第一产业总产值的60.11%。其次是生态涵养发展区，第一产业总产值占北京市第一产业总产值的36.90%。

第二产业的总产值在空间分布格局上相对比较均匀，除了首都功能核心区的东城区和生态涵养发展区的区工业总产值占全市工业总产值比重低于4%以外，其他区的第二产业总产值比重空间分布相对比较均匀，其中第二产业总产值占全市比重超过10%的区有3个，分别是朝阳区12.03%，海淀区14.96%和顺义区14.01%。

第三产业的空间差异性较第二产业更为显著，主要分布在首都功能核心区和城市功能拓展区，而且在空间布局特征上极化现象明显。首都功能核心区的第三产业总额占全市第三产业总额的30.18%。其中，东城区比重为11.73%，西城区为18.44%；城市功能拓展区的各区之间差异也比较显著，主要集中在海淀区和朝阳区，这两个区的第三产业总产值占全市第三产业总产值的比重分别高达23.82%和24.94%。这两个区和首都功能核心区的东城区、西城区形成北京市第三产业的4个高值点。这4个区的第三产业总产值总额占到北京市第三产业总产值总额的78.93%。由于行政面积的差异，在地均GDP方面，首都功能核心区较海淀区和朝阳区占据绝对优势。除了丰台区和顺义区的第三产业总产值占北京市第三产业总产值比重超过4%外，其他区的第三产业总产值占北京市第三产业总产值的比重均不高于2%。

第二节　北京市就业人口的空间分布格局

产业的空间分布格局决定着就业岗位的空间布局特征，进而影响城市就业人口的空间分布格局。产业的岗位属性决定了其从业人员的经济收入水平和社会属性，这些经济社会属性将和就业所在地一起决定着就业人口以自身效用最大化为准则选择居住地、通勤方式及娱乐方式。所以，就业人口的空间布局特征分析是城市空间结构研究中的重要组成部分。为了更深入地研究北京市城市空间结构现状，本部分以2010年企业调查数据为基础，从多个角度分析北京市的就业人口空间分布格局。

一、北京市就业人口空间分布格局

（1）北京市就业人口总量空间分布格局。

在就业人口总量方面，北京市中心区域的高经济密度决定了该区域的就业核心区地位，就业人口规模较高的乡、镇、街道办事处（街道办）主要集中在该区域。在24个就业人口超过10万人的乡、镇、街道办中，有22个来自东城区、西城区、海淀区和朝阳区。在空间上形成以中关村就业集聚区、金融街就业集聚区、CBD就业集聚区、西南就业集聚区及东北就业集聚区为主导的就业人口总量空间分布格局。

在中关村就业集聚区，海淀街道办是全市就业人口规模最高的街道办，就业人口总量达到24.71万人；其次是北下关街道办20.08万人；上地街道办14.44万人；学院路街道办14.18万人；花园路街道办13.19万人；双榆树街道办12.38万人；中关村街道办10.85万人；紫竹院街道办10.55万人。

CBD就业集聚区中，建外街道办就业人口总量达到20.83万人，为全市就业人口规模第二的街道办；其次是东华门街道办14.86万人；呼家楼街道办12.51万人；朝外街道办12.22万人；麦子店街道办11.48万人。

金融街就业集聚区中，展览路街道办16.90万人；金融街街道办16.75万人；甘家口街道办16.63万人；月坛街道办12.03万人；羊坊店街道办10.69万人。

在西南五环内，新村街道办16.58万人；卢沟桥街道办13.42万人；万寿路街道办11.45万人。形成了西南地区的就业集聚区，由于这一地区的街道办辖区面积较大，所以其就业集聚程度还需要进一步观察就业密度分布特征。

以东北三环为起点向外延伸的奥林匹克中心区，该地区的街道办就业人口规模较上述4个区域较低，最高的是和平街街道办10.16万人。周边以就业人口超过5万人的街道办为主。

全市就业人口规模超过5万人的乡、镇、街道办有68个，东城区6个，占全区街道办总量的35%；西城区10个，占全区街道办总量的67%；海淀区16个，占全区街道办总量的53%；朝阳区20个，占全区街道办总量的48%；丰台区6个，占全区街道办总量的35%；其他区（县）仅10个。在五环以内，这些街道办的空间布局基本上是对上述就业集聚区范围的空间扩展。

同时在城市外围区域，以亦庄镇、旧宫镇、台湖镇、张家湾镇、良乡、宋家庄和天竺等为代表的就业人数较高的就业中心已经形成（图 4-1）。

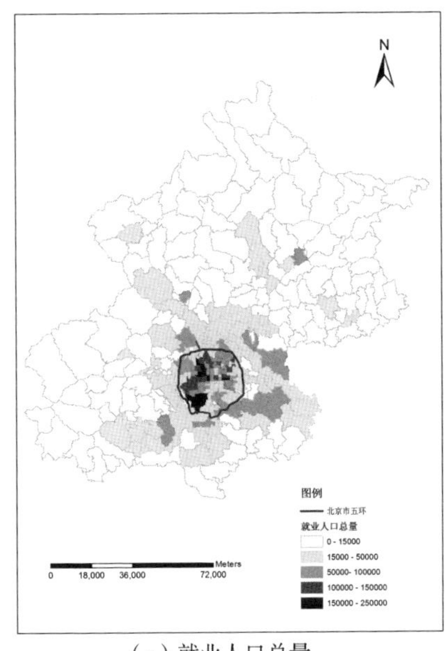

（a）就业人口总量

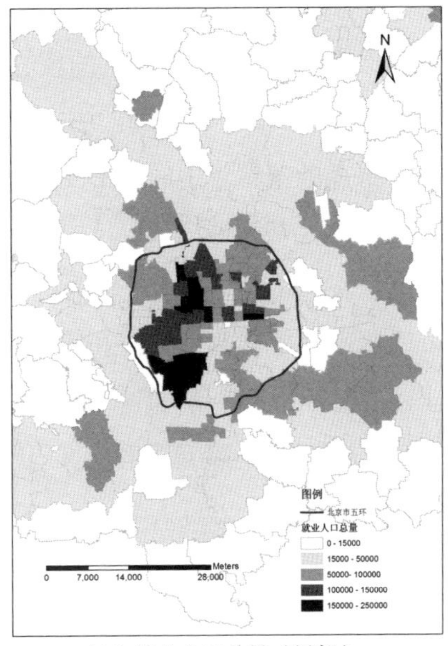

（b）就业人口总量（局部）

图 4-1　北京市 2010 年就业人口空间布局图

数据来源：北京市企业调查数据（2010）。

（2）北京市就业密度空间分布格局。

与就业人口总量空间布局特征相比，在全市范围内，北京市的就业密度从城市中心区到外围逐步降低的趋势更加显著，城市中心区的高就业集聚地位进一步得到凸显。外围区域虽然在总量上达到一定的规模，形成了一些明显的就业集聚区，但其就业密度仍然较低。36 个就业密度超过 2 万人/km^2 的乡、镇、街道办的就业人口总数占全北京市就业人口总数的 35.02%。在行政归属方面，有 35 个来自东城区、西城区、海淀区和朝阳区，占该类型街道办数量的 97.22%。

在城市中心的高密度就业区域，以中关村就业集聚区、金融街就业集聚区、CBD 就业集聚区及东北就业集聚区为主导的就业空间分布格局进一步得到凸显。

在中关村就业集聚区，双榆树街道办就业密度最高，达到5.70万人/km^2；与其相邻的海淀街道办、中关村街道办、北下关街道办和花园路街道办的就业密度分别为4.94万人/km^2、3.74万人/km^2、3.32万人/km^{2}和2.08万人/km^2，形成中关村就业集聚区的核心。此外，位居五环外的上地街道办就业密度也高达3.96万人/km^2。

CBD就业集聚区中的高密度街道办数量最多。就业密度超过2万人/km^{2}的街道办高达12个。其中，朝外街道办和建外街道办在该区域就业中心地位非常显著，其就业密度分别为5.59万人/km^{2}和5.32万人/km^2，分别位列全市就业密度排名的第二位和第三位，并且随着到就业中心距离的增加，就业密度逐渐下降。紧邻这两个街道办的呼家楼街道办、东四街道办、东直门街道办、建国门街道办和崇文门外街道办就业密度分别为4.35万人/km^2、4.07万人/km^2、3.52万人/km^2、3.33万人/km^{2}和3.09万人/km^2。其次是东华门街道办、北新桥街道办、团结湖街道办、景山街道办和八里庄街道办，就业密度分别为2.78万人/km^2、2.27万人/km^2、2.21万人/km^2、2.14万人/km^{2}和2.06万人/km^2。

与上述两个就业集聚区相比，金融街就业集聚区的就业密度相对较低。就业密度最高的街道办为金融街街道办，为4.22万人/km^2。与金融街街道办相邻的牛街街道办、广安门内街道办、展览路街道办和月坛街道办就业密度分别为3.44万人/km^2、3.11万人/km^2、2.96万人/km^{2}和2.93万人/km^2，构成了金融街就业集聚区的核心。其次是甘家口街道办、椿树街道办和新街口街道办，就业密度分别为2.57万人/km^2、2.50万人/km^{2}和2.27万人/km^2。

以东北三环为起点向外延伸的奥林匹克中心区就业密度也显示出一定的集聚特征。就业密度最高的是和平街街道办，为3.13万人/km^2。位于其周边的左家庄街道办、小关街道办、安贞街道办和香河园街道办就业密度分别为2.98万人/km^2、2.89万人/km^2、2.79万人/km^{2}和2.34万人/km^2。亚运村街道办、奥运村街道办的就业密度仍相对较低。

就业密度超过1万人/km^{2}的乡、镇、街道办共有67个，这些乡、镇、街道办的就业人口总数占北京市就业人口总数的54.54%。集中分布在城市中心区，构成了北京市的高密度就业分布核心区。在行政归属方面，东城区14个，占全区街道办总量的82%；西城区15个，占全区街道办总量的100%；海淀区16个，占全区街道办总量的53%；朝阳区18个，占全区街道办总量的43%；丰台区2个，占全区街道办总量的12%；此外，通州区和怀柔区各有1个。高密度就业的乡、镇、街道办数目占全区街道办总数比重从中心向外围逐步降低，说明北京市就业密度空间布局基本呈同心圆状从中心城区向周边区域由高到低扩散。周边区域虽然在就业人口总量上得到了扩张，但是就业密度仍然较低，新的高密度就业中心的独立性尚不明显（图4-2）。

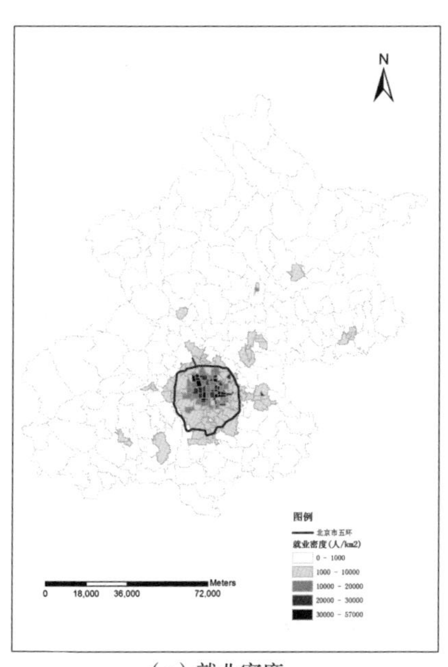

（a）就业密度

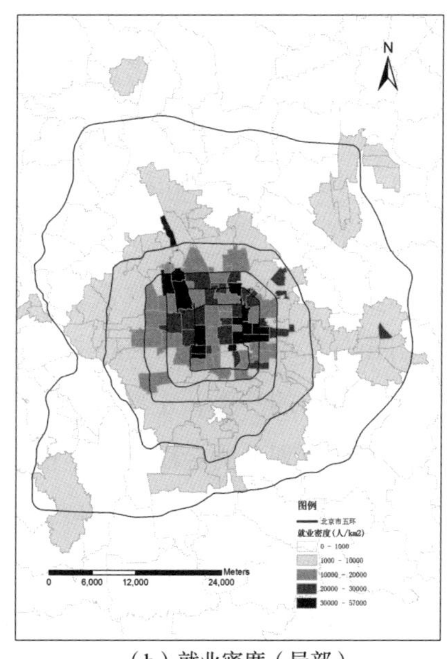

（b）就业密度（局部）

图4-2　北京市2010年就业密度空间布局图

数据来源：北京市企业调查数据（2010）。

二、北京市分行业就业人口空间分布格局

（1）北京市产业门类划分。

在Lowry模型的基本框架中，城市的所有产业类型以其服务对象被划分为基本部门和非基本部门。模型产业划分的高度综合性掩盖了城市经济

体系中产业部门之间的竞争和相互关联，也成为影响模型解释能力的重要因素。投入产出表的引入增加了 Lowry 模型的产业关联分析功能，而根据标准产业分类法划分出的产业部门门类众多，在城市经济社会系统中承担的职能差异较大，在实际应用中需要根据研究需求对其进行合理归并。本模型框架不仅需要通过投入产出关系建立产业部门之间的经济联系，而且要基于产业的空间布局特征探索产业部门之间的空间联系，合理的部门划分是城市空间结构分析的重要基础。

在本研究中的 Lowry 模型框架中，所有产业要在综合效率和资源供给限定的条件下进行竞争。产业的综合竞争力与产业要素需求、产业功能有密切关系。本研究在综合考虑产业部门属性的一致性、各产业部门之间的竞争机制、产业部门在本模型分析框架中对城市空间结构特征的影响以及北京市 2010 年投入产出表 42 个部门的基础上将产业部门进行归并，最终归并为 7 个。

其中，占北京市经济规模主导地位的第三产业中，生产性服务业已经成为引领首都经济快速发展的主导行业（刘淇，2009）。本研究首先将其作为第三产业中的一类，主要基于张耘等（2010）的划分方法，将北京市的生产性服务业划分为金融服务、信息服务、科技服务、商务服务和流通服务业五大行业（张耘等，2010）。然后将第三产业中的其余部门进一步划分为一般服务业和社会服务业。第二产业中，按照生产要素投入类型，分别提取出劳动密集型制造业、资本密集型制造业和技术密集型制造业。除此之外的产业都归并到其他行业。

因此，本研究将面对 307 个区域的 7 个部门，归并后的产业部门目录见表 4-2。

表 4-2　归并后的产业门类

部　门	包含部门
技术密集型制造业	通用、专用设备制造业；交通运输设备制造业；电气机械及器材制造业；通信设备、计算机及其他电子设备制造业；仪器、仪表及文化、办公用机械制造业

续表

部　门	包含部门
劳动密集型制造业	食品制造业及烟草加工业；纺织、服装鞋帽、皮革、毛皮、羽毛及其制造业；木材加工及家具制造业；造纸印刷及文教体育用品制造业；非金属矿物制品业；金属制品业；工艺品及其他制造业
资本密集型制造业	石油加工、炼焦及核燃料加工业；化学工业；金属冶炼及压延加工业
生产性服务业	金融业；房地产业；租赁和商务服务业；研究与试验发展业；综合技术服务业；交通运输及仓储业；文化、体育和娱乐业；公共管理和社会组织；信息传输、计算机服务和软件业
一般服务业	邮政业；批发和零售业；住宿和餐饮业；居民服务和其他服务业
社会服务业	教育；卫生、社会保障和社会福利业；水利、环境和公共设施管理业
其他行业	电力、热力生产和供应业；燃气生产和供应业；水生产和供应业；建筑业；农林牧渔业；煤炭开采和洗选业；石油和天然气开采业；金属矿采选业；非金属矿及其他矿采选业；废品废料

数据来源：北京市投入产出表（2010）。

（2）北京市各行业就业人口空间分布格局。

本部分基于2010年北京市企业调查数据，根据上述行业分类，分别分析北京市各行业的就业人口空间布局特征，总结不同行业就业人口空间布局对北京市产业空间布局的贡献。

① 技术密集型制造业。

按照本研究的产业门类划分标准，技术密集型制造业的总就业人口占北京市总就业人口的5.83%。其规模分布也非常不均，就业人口超过5000人的街道办有24个，占本产业总就业人口的42.31%。

在就业人口总量方面，就业人口规模较大的街道办主要集中在五环的西北、西南、东北和东南沿线附近。地处东南的亦庄镇的技术密集型制造业就业人口总量最高，高达3.70万人，占亦庄镇总就业人口的55.67%。技术密集型制造业就业人口总量位居第二的为酒仙桥街道办，为2.87万人，占酒仙桥街道办总就业人口的28.23%。虽然上述两地本产业的就业人口总量较高，但均呈点状分布，周边街道办该产业的就业人口与其差异较大。此外，顺义区的天竺街道办技术密集型制造业就业总人口也达到1.08万人，占天竺街道办总就业人口的21.31%。

地处中关村就业集聚区的上地街道办、海淀街道办、北下关街道办和学院路街道办形成了西北技术密集型制造业集聚区。就业人口分别为1.99万人、1.25万人、1.02万人和0.95万人，占各街道办总就业人口的比重分别为13.75%、5.05%、5.08%和6.72%［图4-3（a）］。

丰台区的新村街道办1.33万人、长辛店街道办1.06万人和卢沟桥街道办1.06万人形成了西南技术密集型制造业集聚区，占各街道办总就业人口的比重分别为8.01%、32.18%和7.88%。

技术密集型制造业的就业密度普遍较低，就业密度高于5000人/km^{2}的街道办仅有酒仙桥街道办和上地街道办。就业密度高于1000人/km^{2}的街道办仅有23个，而且具有较高就业密度的街道办主要分布在中关村就业集聚区、CBD就业集聚区和东北奥林匹克中心区。亦庄镇虽然就业人口总量较大，但就业密度仍然较低［图4-3（b）］。

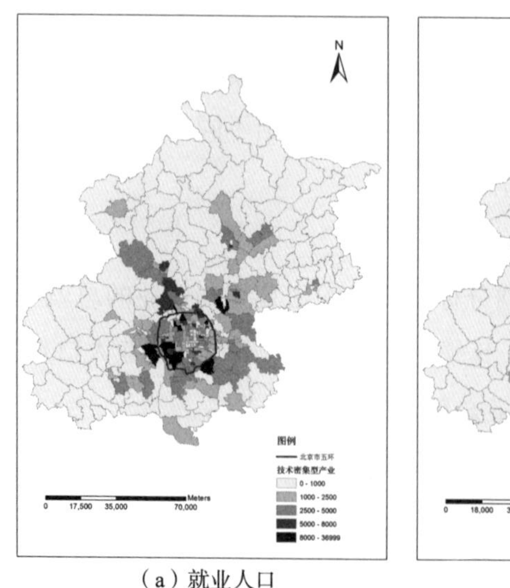

（a）就业人口

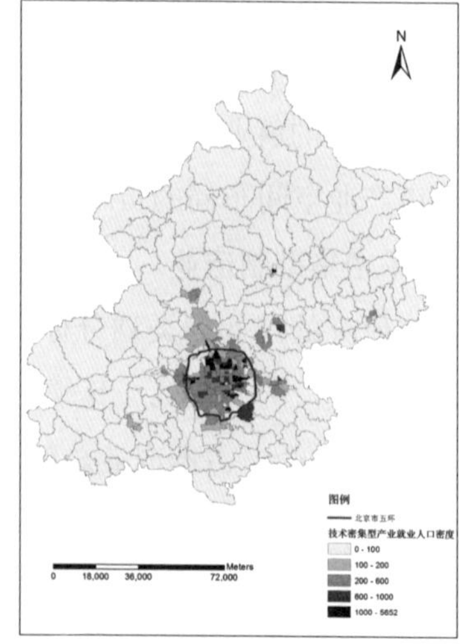

（b）就业密度

图4-3　北京市2010年技术密集型制造业空间布局图

数据来源：北京市企业调查数据（2010）。

② 劳动密集型制造业。

按照本研究的产业门类划分标准，劳动密集型制造业的总就业人口占北京市总就业人口的 5.77%，与技术密集型制造业就业人口比重接近。该产业就业人口规模超过 5000 人的街道办有 25 个，占本产业总就业人口的 29.08%。

在就业总量方面，就业人口规模较高的街道办在城市中心区外围形成一个产业半环。大兴区旧宫镇的劳动密集型制造业就业人口规模最高，为 0.99 万人，占旧宫镇总就业人口的 15.42%。密云区的密云镇和通州区的张家湾镇分别为 0.98 万人和 0.97 万人，位居第二位和第三位。

就业总人口高于 5000 人的乡、镇、街道办中，朝阳区、顺义区和通州区各有 4 个，昌平区、丰台区各有 3 个，大兴区、密云区各有 2 个，海淀区、西城区和延庆区各有 1 个［图 4-4（a）］。

与技术密集型制造业的就业密度相比，劳动密集型制造业的就业密度更低，而且相对较高密度的街道办仍主要集中在城市中心区。就业密度高于 2000 人/km^2 的街道办仅有八里庄街道办、景山街道办和建外街道办。就业密度高于 1000 人/km^2 的街道办仅有 13 个，而且主要分布在金融街就业集聚区和 CBD 就业集聚区［图 4-4（b）］。

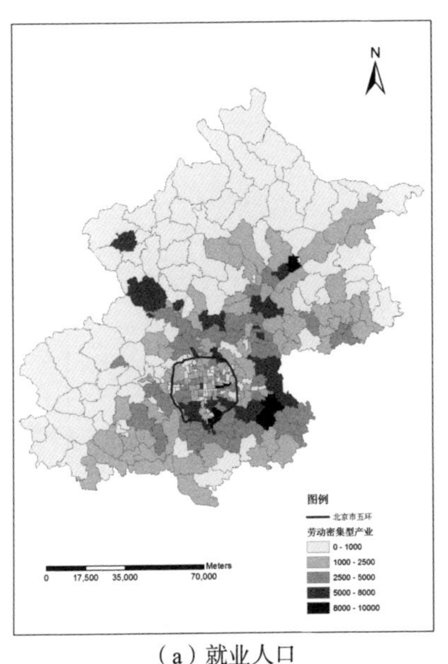

（a）就业人口

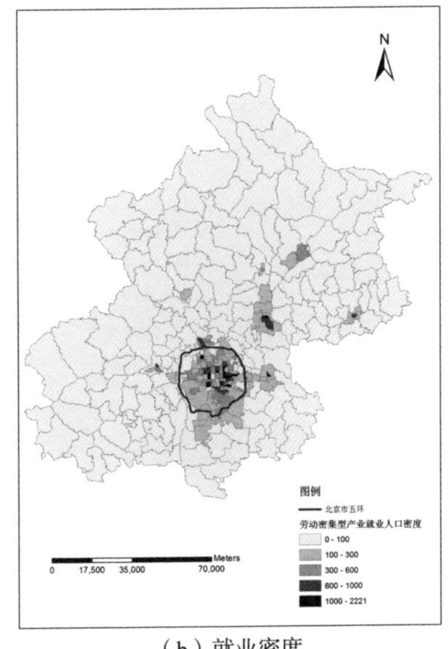

（b）就业密度

图 4-4 北京市 2010 年劳动密集型制造业空间布局图

数据来源：北京市企业调查数据（2010）。

③ 资本密集型制造业。

按照本研究的产业门类划分标准，资本密集型制造业的总就业人口占北京市总就业人口的比重最小，仅有2.01%。其规模分布也非常不均匀，就业人口超过4000人的街道办有9个，占本产业总就业人口的24.63%。

在就业总量方面，就业人口规模较高的街道办主要集中在城市中心区外围的西南和东南方向。地处西南的迎风街道办和向阳街道办的资本密集型制造业就业人口总量位居前两位，分别为1.01万人和0.66万人，占各街道办总就业人口的28.64%和38.14%。

其次是绕着南五环形成一个比较弱的资本密集型制造业产业带，除了古城街道办、八角街道办和南磨房地区的就业总人口超过0.5万人之外，其他街道办的总就业人口总量均低于0.5万人［图4-5（a）］。

受产业发展规模的影响，资本密集型制造业的就业密度普遍较低，就业密度高于1000人/km^{2}的街道办仅有迎风街道办和中关村街道办。就业密度高于500人/km^{2}的街道办仅有10个，主要分布在中关村就业集聚区、CBD就业集聚区和东北奥林匹克中心区。由于行政面积的差异，城市中心区外围的就业规模虽然相对较大，但就业密度仍然较低［图4-5（b）］。

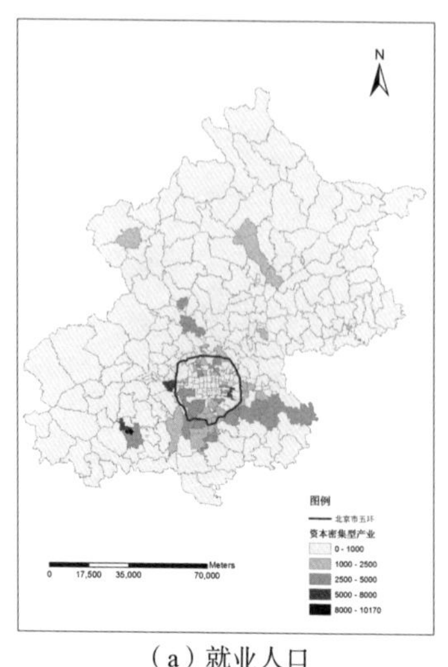

（a）就业人口

（b）就业密度

图4-5 北京市2010年资本密集型制造业空间布局图

数据来源：北京市企业调查数据（2010）。

④ 生产性服务业。

按照本研究的产业门类划分标准，生产性服务业的就业总规模最大，其总就业人口占北京市总就业人口的45.27%。其规模分布也非常不均匀，就业人口超过5万人的街道办有27个，占本产业总就业人口的45.02%。就业人口超过1万人的街道办有113个，占本产业总就业人口的86.35%。

在空间布局方面，就业人口规模较大的街道办主要分布在五环以内，以中关村就业集聚区、CBD就业集聚区、金融街就业集聚区、东北就业集聚区为中心向周边扩展，而且从中关村到金融街一直再向南形成了一条南北的就业人口集聚带。

在中关村就业集聚区，生产性服务业的就业人口不仅规模大，而且占该街道办就业总人口的比重也普遍较高，主导地位显著。海淀街道办是全市本行业就业人口规模最高的街道办，就业总人口和占本街道办总就业人口的比重分别达到15.41万人和62.36%；其次是北下关街道办12.08万人和60.16%；上地街道办9.92万人和68.72%；学院路街道办7.67万人和54.11%；花园路街道办6.94万人和52.58%；双榆树街道办7.94万人和64.10%；中关村待道办8.03万人和74.01%；紫竹院街道办6.80万人和64.39%。

CBD就业集聚区中，建外街道办就业人口规模达12.43万人，占本街道办总就业人口比重高达59.65%，为全市本行业就业人口总量第二的街道办；其次是东华门街道办、呼家楼街道办、朝外街道办、麦子店街道办和建国门街道办。这些街道办中本产业就业人口总量最高达7.86万人，最低也有5.52万人，占本街道办总就业人口比重介于48.53%~63.52%。

金融街就业集聚区中，本产业就业人口规模最大的是金融街街道办10.77万人，占该街道办总就业人口比重为64.30%；展览路街道办次之，本产业就业人口总量为10.53万人，占该街道办总就业人口的62.31%。此外，甘家口街道办、月坛街道办、羊坊店街道办及八里庄街道办本产业的就业总人口也分别高达8.16万人、6.32万人、6.09万人和5.63万人。除了甘家口街道办以外，其他街道办本产业就业人口占该街道办总就业人口比重均高于50%。

在西南五环内，新村街道办、卢沟桥街道办、万寿路街道办和丰台街道办形成了本产业就业人口规模为5万~7万人、本产业就业人口占各街道办总就业人口比重 40%~50%的西南地区的就业集聚区。这一地区的街道办辖区面积较大，生产性服务业的主导地位也明显低于前面 3 个就业集聚区。其就业集聚程度还需要进一步观察就业密度分布特征。

以东北三环为起点向外延伸的奥林匹克中心区也呈现出一定的就业集聚特性。该地区的街道办就业人口总量较上述 4 个区域较低，最高的和平街街道办 5.97 万人，本产业就业人口占该街道办总就业人口比重为 58.81%；其次是左家庄街道办 5.23 万人，比重为 53.16%；周边以就业人口超过 5 万人的街道办为主［图 4-6（a）］。

与就业人口总量空间布局特征相比，在城市中心的高密度就业区域，中关村就业集聚区、金融街就业集聚区、CBD 就业集聚区及东北就业集聚区为主导的生产性服务业就业集聚中心性进一步显著。

在中关村就业集聚区，双榆树街道办就业密度最高，达到 3.65 万人/km^2；与其相邻的海淀街道办、中关村街道办、北下关街道办、花园路街道办和紫竹院街道办的就业密度分别为 3.08 万人/km^2、2.77 万人/km^2、2.0 万人/km^2、1.09 万人/km^2 和 1.20 万人/km^2，形成中关村就业集聚区的核心。此外，位居五环外的上地街道办就业密度也高达 2.72 万人/km^2。

CBD 就业集聚区中的高密度街道办数目最多，就业密度超过 1 万人/km^2 的街道办高达 11 个。其中，朝外街道办和建外街道办在该区域就业中心地位非常显著，其就业密度分别高达 3.35 万人/km^2 和 3.17 万人/km^2，分别位列全市就业密度排名的第二位和第三位，并且随着到就业中心距离的增加，就业密度逐渐下降。紧邻这两个街道办的呼家楼街道办、东四街道办、东直门街道办、建国门街道办和崇文门外街道办就业密度分别为 2.73 万人/km^2、1.76 万人/km^2、2.18 万人/km^2、2.12 万人/km^2 和 1.12 万人/km^2。其次是东华门街道办、北新桥街道办、团结湖街道办、景山街道办和八里庄街道办，就业密度分别为 1.35 万人/km^2；1.38 万人/km^2、1.30 万人/km^2、0.95 万人/km^2 和 1.03 万人/km^2。

与上述两个就业集聚区相比，金融街就业集聚区的就业密度相对较低。就业密度最高的街道办为金融街街道办，就业密度为 2.72 万人/km^2。与金融街街道办相邻的牛街街道办、广安门内街道办、展览路街道办和月坛街道办的就业密度分别为 1.98 万人/km^2、1.30 万人/km^2、1.84 万人/km^2 和 1.54 万人/km^2，构成了金融街就业集聚区的核心。其次是甘家口街道办、椿树街道办和新街口街道办，就业密度分别为 1.26 万人/km^2、1.14 万人/km^2 和 1.30 万人/km^2。

以东北三环为起点向外延伸的奥林匹克中心区的就业密度也显示出一定的集聚特征。就业密度最高的是和平街街道办，为 1.84 万人/km^2。位于其周边的左家庄街道办、小关街道办、安贞街道办和香河园街道办的就业密度分别为 1.59 万人/km^2、1.24 万人/km^2、1.48 万人/km^2 和 1.15 万人/km^2。亚运村街道办、奥运村街道办的就业密度仍相对较低［图 4-6（b）］。

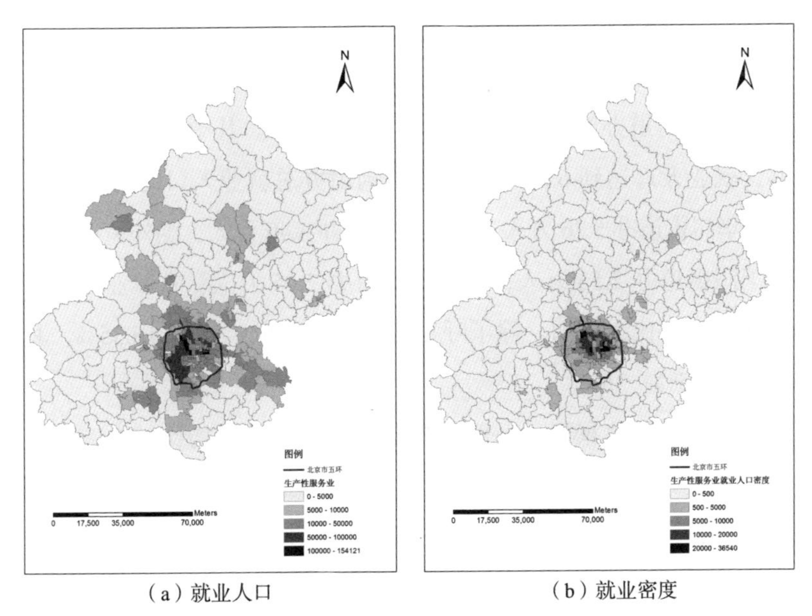

（a）就业人口　　（b）就业密度

图 4-6　北京市 2010 年生产性服务业空间布局图

数据来源：北京市企业调查数据（2010）。

⑤ 一般服务业。

按照本研究的产业门类划分标准，一般服务业的就业总规模较大，其总就业人口占北京市总就业人口的20.55%，仅次于生产性服务业。在规模分布方面，就业人口规模超过2万人的街道办有29个，占本产业总就业人口的40.87%。就业人口超过1万人的街道办有75个，占本产业总就业人口的73.58%。

在空间布局方面，就业总人口超过5000人的街道办绝大多数分布在五环以内，而且与生产性服务业相似，在以中关村就业集聚区、CBD就业集聚区、金融街就业集聚区、东北就业集聚区比较显著的同时，从西南到东北形成了一条就业集聚轴带，并且以此就业带为核心向两侧逐步递减。

在中关村就业集聚区，一般服务业就业人口规模高于2万人的街道办分别有海淀街道办、北下关街道办、双榆树街道办和花园路街道办。最高的是海淀街道办，其就业人口达到4.35万人，占本街道办总就业人口的17.61%。最低的是花园路街道办，其就业人口为2.09万人，占本街道办总就业人口的15.83%。

与中关村就业集聚区相比，CBD就业集聚区中的一般服务业就业人口规模以及在各街道办就业人口的份额均相对较高。其中规模最大的是建外街道办，就业人口达到6.06万人，占本街道办总就业人口的29.07%；其次分别是东华门街道办5.26万人，麦子店街道办3.49万人，朝外街道办3.20万人，建国门街道办2.53万人，呼家楼街道办2.05万人。在就业人口占本街道办总就业人口比重方面，除了呼家楼街道办较低，仅为16.35%，其他街道办均介于25%～36%。

在金融街就业集聚区，一般服务业就业人口总量均比较大，甘家口街道办的一般服务业就业人口高达4.92万人，最低的广安门外街道办也有2.38万人。此外，一般服务业就业人口比重空间布局层次显著。金融街街道办以及与之紧邻的展览路街道办和月坛街道办的一般服务业就业人口总量都比较高，而占其总就业人口的比重均在20%左右。而向外辐射的甘家口街道办、广安门内街道办、广安门外街道办及羊坊店街道办，一般服务业就业人口占本街道办总就业人口的比重几乎均高于25%。

从金融街就业集聚区继续向西南延伸，新村街道办、卢沟桥街道办、万寿路街道办及良乡地区的一般服务业就业人口也超过 2 万人。比重方面除了良乡地区达到25.24%，其他街道办均在20%左右。

从金融街就业集聚区向东北方向延伸，什刹海街道办、太平桥街道办、左家庄街道办、大屯地区、和平街街道办及来广营地区的一般服务业就业人口均超过 2 万人，这些街道办中，一般服务业就业人口占本街道办总就业人口的比重普遍较高，除了德胜门街道办的比重为19.90%；其他街道办的比重为26%～33%［图4-7（a）］。

一般服务业就业密度的空间布局整体呈现显著地从中心向外围逐步递减态势。高密度就业的乡、镇、街道办数目占全区比重从中心向外围逐步降低［图4-7（b）］。在城市中心的高密度就业区域，以中关村就业集聚区、金融街就业集聚区、CBD 就业集聚区及东北就业集聚区为主导的一般服务业就业集聚中心特性进一步显著。其中 CBD 就业集聚区聚集的高密度就业街道办数量最多。

在中关村就业集聚区，双榆树街道办就业密度最高，达到1.40万人/km^2；与其相邻的海淀街道办、北下关街道办的就业密度分别为 0.87 万人/km^2、0.53 万人/km^2，形成中关村就业集聚区的核心。

CBD 就业集聚区中的高密度街道办数目最多，就业密度超过0.6万人/km^{2}的街道办数据高达10个。其中，崇文门外街道办、朝外街道办和建外街道办、建国门街道办和东华门街道办在该区域就业中心地位非常显著，其就业密度最高为1.57 万人/km^2，最低为0.97 万人/km^2。并且随着到就业中心距离的增加，就业密度逐渐下降。紧邻这两个街道办的呼家楼街道办、东四街道办和东直门街道办的就业密度分别为0.71 万人/km^2、0.78 万人/km^2、0.83 万人/km^2 和 0.97 万人/km^2。景山街道办和朝阳门街道办的就业密度分别为0.69 万人/km^2 和0.68 万人/km^2。

金融街就业集聚区的一般服务业高就业密度街道办以广安门内街道办、大栅栏街道办、牛街街道办、金融街街道办和椿树街道办为主体，就业密度介于0.70万～1.09 万人/km^2。以甘家口街道办、月坛街道办、展览路街道办、白纸坊街道办和天桥街道办为外延，就业密度介于0.54万～0.76 万人/km^2。

以东北三环为起点向外延伸的奥林匹克中心区就业密度也显示出一定的集聚特征，但相对较弱。主要由左家庄街道办、安贞街道办、小关街道办和香河园街道办组成，就业密度分别为 0.94 万人/km^2、0.90 万人/km^2、0.66 万人/km^2 和 0.55 万人/km^2［图 4-7（b）］。

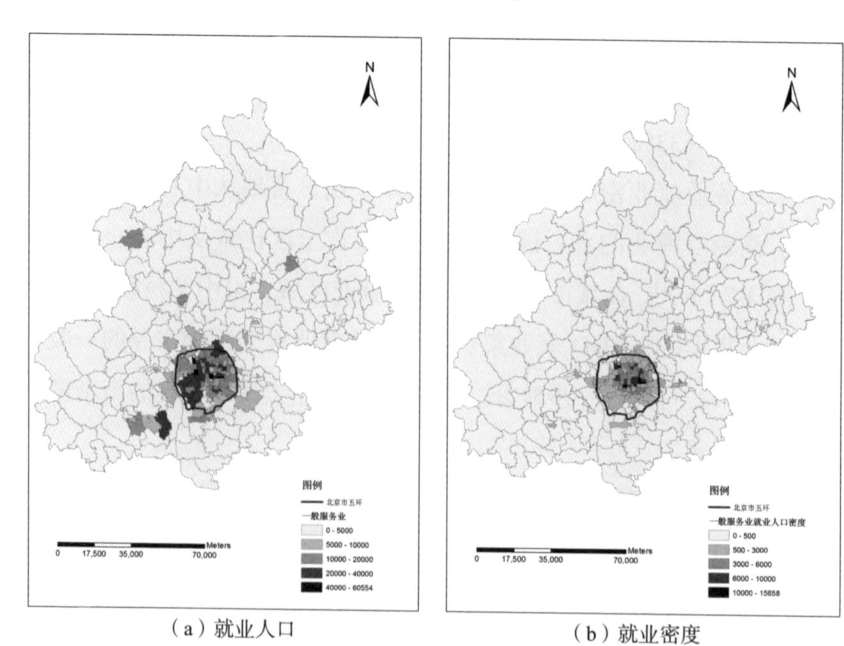

（a）就业人口　　（b）就业密度

图 4-7　北京市 2010 年一般服务业空间布局图

数据来源：北京市企业调查数据（2010）。

⑥ 社会服务业。

按照本研究的产业门类划分标准，社会服务业在服务业中的规模最小，其总就业人口占北京市总就业人口的 8.58%。其规模分布也非常不均匀，就业人口超过 1 万人的街道办有 22 个，占本产业总就业人口的 38.78%。就业人口超过 0.5 万人的街道办有 54 个，占本产业总就业人口的 63.71%。

在空间布局方面，中关村就业集聚区为具有绝对优势的集聚中心，并且以中关村就业集聚区为中心向周边地区扩展，呈现典型的单中心扩展模式。

总就业人口超过 2 万人的街道办分别为花园路街道办、学院路街道办、北下关街道办和海淀街道办，形成了社会服务业就业人口总量的第一梯队。

以上述 4 个街道办为中心，向周边特别是向南形成社会服务业就业集聚扩展区，就业人口超过 1 万人的街道办有万寿路街道办、甘家口街道办、什刹海街道办、八里庄街道办、紫竹院街道办、青龙桥街道办、东四街道办、南磨房街道办、展览路街道办、金融街街道办、广安门内街道办、东华门街道办、和平街街道办、小关街道办、月坛街道办、北太平庄街道办和德胜门街道办［图 4-8（a）］。

社会服务业的就业密度普遍较低，就业密度高于 5000 人/km^2 的街道办仅有东四街道办和广安门内街道办。就业密度高于 2000 人/km^2 的街道办仅有 33 个。就业密度在市域范围内呈现高度集中的同时，中关村就业集聚区、金融街就业集聚区、CBD 就业集聚区和东北奥林匹克中心区的就业密度呈现出弱中心性［图 4-8（b）］。

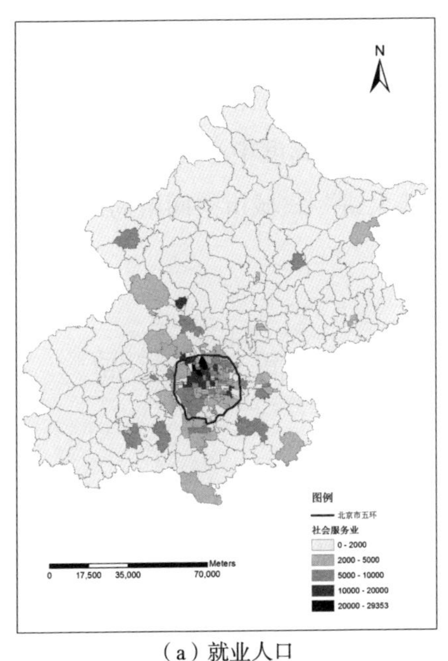

（a）就业人口

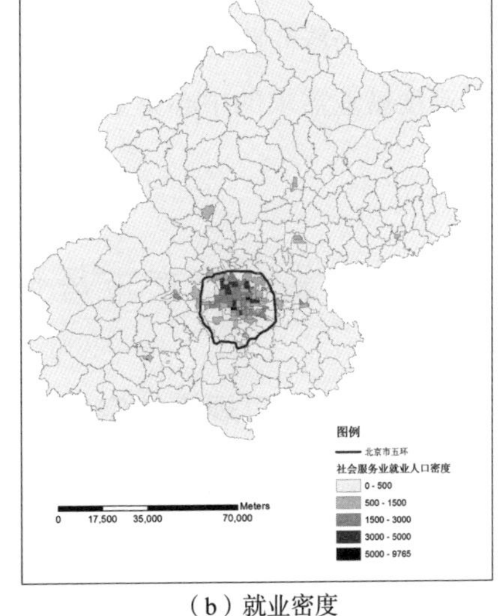

（b）就业密度

图 4-8　北京市 2010 年社会服务业空间布局图

数据来源：北京市企业调查数据（2010）。

三、北京市就业人口空间分布格局特征分析

北京市就业密度空间布局基本呈同心圆状从中心城区向周边区域由高到低扩散。周边区域虽然也有一定的就业总量，但是就业密度仍然较低。

依据2010年企业调查数据，北京市各产业就业人口空间分布的基本态势是：服务业就业人口主要分布在城市中心区。其中生产性服务业和一般服务业的空间分布格局特征具有较强的一致性，形成以中关村就业集聚区、CBD就业集聚区、金融街就业集聚区、东北奥林匹克中心区几个特征鲜明的就业集聚区，并以这些区域为核心向外扩展，而社会服务业主要集中在位居西北的中关村就业集聚区。

从城市中心区向外，服务业的就业规模逐步减小。取而代之的是围绕城市中心区的制造业就业圈层。其中技术密集型制造业的高就业规模街道办主要集中在五环的西北、西南、东北和东南沿线附近；劳动密集型制造业高就业规模街道办在城市中心区外围形成一个产业半环；资本密集型制造业的高就业规模街道办主要集中在城市中心区外围的西南和东南方向。

第三产业在北京市产业结构中占据绝对优势地位，服务业和制造业的上述空间布局特征奠定了北京市城市产业功能的高度中心集聚特性。因此，这种高度就业需求的中心集聚特征是“摊大饼”式城市空间格局形成的原动力。

第三节　北京市居住人口的空间分布格局

一、居住人口规模的空间分布格局

本部分基于北京市第六次人口普查数据，从居住人口规模和人口密度两个维度分析北京市居住空间分布特征。

在居住人口规模空间分布方面，北京市中心城区人口的高度聚集和紧邻中心城区的外围区域的系列大规模居住中心共同构成北京市居住人口分布的“大核心”。

2010年，北京市居住人口规模超过20万人的乡、镇、街道办共10个，居住人口总量268.1万人，占全市总人口的13.76%，全部分布在城市功能拓展区和城市发展新区，其中昌平区3个，朝阳区2个，丰台区2个，海淀区2个，房山区1个。以回龙观、东小口、卢沟桥和新村街道办为代表的大型居住区构筑起了北京市特点鲜明的居住人口集聚中心，常住人口总量分别高达30.63万人、35.94万人、35.6万人和30.2万人。

居住人口规模超过10万人的乡、镇、街道办共69个，居住人口总量高达1056.97万人，占全市总人口的54.24%。在空间分布方面，分别以西二环、北二环、南三环和东三环为起点向外延伸至五环外，甚至六环外，但总体上居住人口规模超过10万人的街道办到市中心（东华门街道办的几何中心）的直线距离基本不超过30km，而且各个延伸方向上的街道办数量也有所不同，向东延伸的街道办数量显著少于其他三个延伸方向。在行政归属方面，位于城市功能拓展区和城市发展新区的乡、镇、街道办数量仍然占绝大比重，其中昌平区5个，朝阳区16个，大兴区6个，丰台区8个，海淀区20个，石景山区2个，通州区4个，房山区1个。受行政面积的影响，地处首都功能核心区的街道办数量仅为5个，其中东城区1个，西城区4个。

居住人口规模超过5万人的乡、镇、街道办共140个，居住人口总量达1536.89万人，占全市总人口的78.87%。在空间分布方面，到市中心（东华门街道办的几何中心）的直线距离不超过30 km的街道办多达123个，主要依托人口规模在10万人以上的街道办向周边扩展。

在行政归属方面，城市功能拓展区占绝对优势，比重上升至53%。其中朝阳区33个，占全区街道办总量的79%；海淀区23个，占全区街道办总量的77%；丰台区13个，占全区街道办总量的62%；石景山区6个，占全区街道办总量的67%。

城市发展新区较低，仅占29%，其中昌平区9个，占全区街道办总量的53%；大兴区10个，占全区街道办总量的59%；房山区4个，占全区街道办总量的15%；通州区11个，占全区街道办总量的73%；顺义区4个，占全区街道办总量的 18%。

首都功能核心区虽然只占 13%，但区内街道办的数量显著增加，东城区上升至 8 个，占全区街道办总量的 47%；西城区则达到 11 个，占全区街道办总量的 73%（图 4-9）。

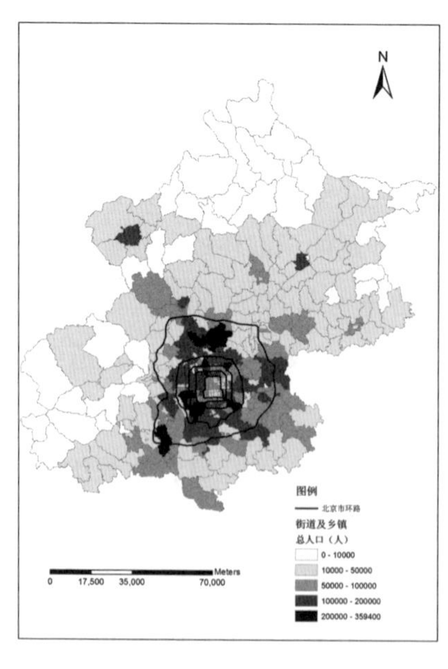

（a）居住人口

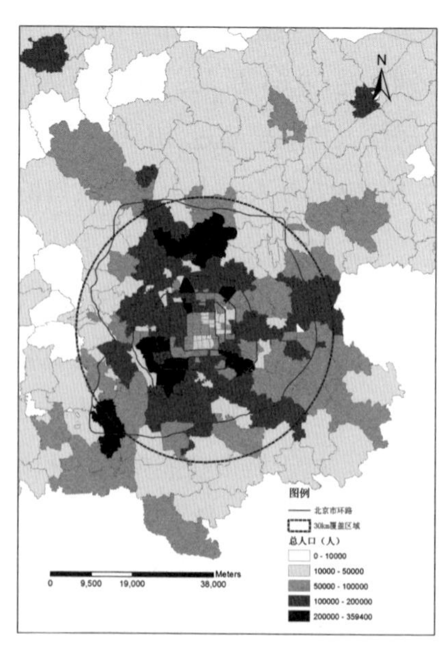

（b）居住人口（局部）

图 4-9　北京市 2010 年居住人口空间布局

数据来源：北京市第六次人口普查数据（2010）。

二、人口密度的空间分布格局

与居住人口规模空间分布特征相比，人口密度空间分布格局的单中心性特征更明显。人口密度从城市中心向外围逐步降低，层次分明。外围区域虽然在总量上达到一定的规模，形成一些明显的居住中心，成为北京市居住人口的重要承载区，但仍处在低密度扩展阶段。

人口密度最高的居住中心在城市中心区呈点状分布。17 个人口密度超过 3 万人/km^2 的乡、镇、街道办中有 14 个位于四环以内，2 个跨越四环，1 个在紧邻四环的外围，与人口总量空间布局差异显著。

在行政归属方面，西城区 5 个，分别为牛街街道办、广安门外街道办、白纸坊街道办、椿树街道办和广安门内街道办；东城区 4 个，分别为崇文门外街道办、交道口街道办、朝阳门街道办和北新桥街道办；朝阳区 5 个，分别为潘家园街道办、和平街街道办、六里屯街道办、安贞街道办和团结湖街道办；海淀区 3 个，分别为中关村街道办、北太平庄街道办和永定路街道办。其中，人口密度最高的 3 个街道办分别为中关村街道办 5.51 万人/km^2，崇文门外街道办 4.51 万人/km^2，潘家园街道办 3.93 万人/km^2。

在 53 个人口密度超过 2 万人/km^2 的乡、镇、街道办中，四环内有 44 个，五环内有 50 个。在空间分布上以高人口密度街道办为核心向周边扩散，基本形成一个环绕内核（什刹海街道办、东华门街道办、西长安街街道办）的高密度居住环，而且呈现明显的“北重南轻”特征。北二环和北四环之间的高密度居住带规模最大，其次是位于二环西南的居住中心；而东南方向居住密度总体相对较低。

在行政归属方面，东城区拥有 13 个，占全区街道办总量的 77%；西城区拥有 12 个，占全区街道办总量的 80%；位于城市功能拓展区的朝阳区、海淀区的街道办分别上升至 12 个和 11 个，丰台区拥有 3 个，石景山区和房山区各拥有 1 个。

104 个人口密度超过 1 万人/km^2 的乡、镇、街道办主要分布在首都功能核心区和城市功能拓展区。居住人口的高密度集聚在东西和南北两个方向上、向外扩展得最快，形成两个人口密度扩展轴，构成北京市居住人口密度的大“十字”，两端已经逼近六环，跨度约 50 km 左右。而在“东南—西北”以及“东北—西南”两个方向上扩展速度相对较慢，呈现大“十字”框架下的填充式扩展，跨度仅 30 km 左右（图 4-10）。

综上所述，北京市人口密度基本呈同心圆状从中心城区向周边区域由高到低扩散。周边区域的居住人口在总量上得到了较快的增长，但相对市中心地区，人口密度仍然相对较低。

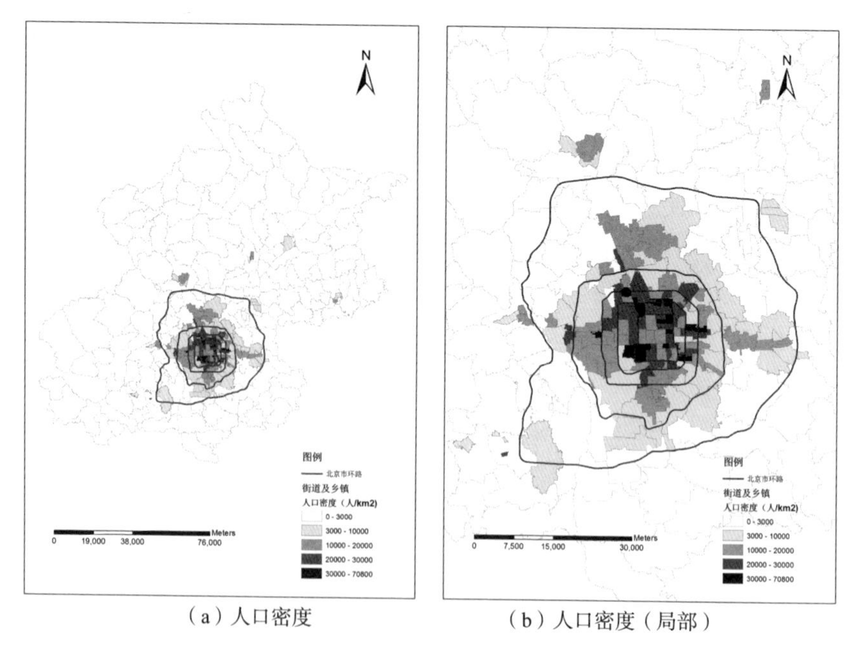

（a）人口密度　　（b）人口密度（局部）

图 4-10　北京市 2010 年人口密度空间布局

数据来源：北京市第六次人口普查数据（2010）。

三、就业人口与居住人口空间布局关系分析

2010 年，北京市的就业密度和人口密度空间分布格局特征分析表明，二者具有较高的空间相似性。北京市就业密度和人口密度空间分布格局均呈同心圆状从中心城区向周边区域由高到低扩散。外围地区虽然在就业总量和居住总量上得到了扩张，但是就业密度和人口密度仍然较低，新的高密度就业中心和居住中心的独立性尚不明显。上述结论中，高就业密度的城市中心区，居住密度也相对较高，这一点验证了就业通勤距离在就业人口的居住地选择过程中是一个非常重要的影响因素。人们会在其他成本能够承受的前提下，尽量选择距离就业地近的地区居住。然而，在城市系统中，不同土地利用类型之间的效率竞争使就业人口不得不在居住成本和职住通勤时间成本之间抉择，以寻求最优居住地。城市中就业人口的职住空间布局模式将直接影响该城市的交通流量空间分布模式，进而影响城市的整体运行效率。

城市职住空间布局关系的描述主要集中在对就业人口职住分离程度的分析。根据数据来源，职住分离程度的分析可以划分为整体、局部和个体3个方面。其中整体和局部分析主要基于统计数据，而个体分析主要基于抽样调查数据。首先，在整体职住分离程度描述中常用空间错位指数（SMI）（徐涛等，2009），该指数用来衡量整座城市的职住分离程度，指数越大，说明城市职住分离现象越严重，可以根据历年城市统计数据进行纵向研究，判断城市职住分离现象的演变趋势。其次，在局部职住分离程度描述中，针对城市区（县）单元或者街道办单元的就业和居住人口统计数据，用来识别就业、居住主导区的指数有JHB指数（刘碧寒等，2011）、职住区位商指数，这两种指数均能识别出城市每个研究基本单元的职住功能属性，从而反映出城市居住和就业空间分布格局之间的关系，而且分析结果有较高的相似性。其不足是现实的比重，而与基本单元的就业规模无关。这种不足可以用每个街道办的就业人口和在职居住人口之间的差值空间布局进行弥补。第三，在个体职住分离程度描述中常用问卷调查分析法。问卷调查分析法能够获取详细的经济社会属性，在描述不同区域的就业中心、居住中心职住空间分布特征的同时能够较全面地分析影响这些空间分布结构的经济、社会原因。该方法的缺点是抽样的随机性有可能降低样本分析的代表性。因此，问卷调查分析法不能分析整体空间布局特征，可以作为职住空间布局关系研究的一种重要补充。

本研究借助职住平衡指数（JHB）研究北京市职住空间布局特征，对北京市职住主导区域进行识别。借助塞维罗（Cervero）的测度标准进行划分，将区域职住平衡水平划分为5个等级（表4-3）。其中职住平衡指数越接近1，代表该地区就业人口和在职居住人口数量上比较一致，说明该地区的就业功能和居住功能显著性相当；职住平衡指数越远离1，说明该地区的就业功能和居住功能显著性差异较大。该指数能够很好地识别出各基本单元的就业和居住主导属性，进而得出研究范围内职住主导功能区的空间分布格局。

在北京市市域范围内，就业主导区的空间布局呈现城市中心区高度集中和外围区零散布局特征。

表 4-3 职住平衡等级划分

JHB	区域属性
JHB < 0.5	显著居住主导区
0.5≤JHB < 0.8	居住主导区
0.8≤JHB≤1.2	职住平衡区
1.2 < JHB≤2	就业主导区
2 < JHB	显著就业主导区

在城市中心区，以中关村就业集聚区、金融街就业集聚区、CBD 就业集聚区为核心，构成了一个“U”形显著就业主导区分布带。以显著就业主导区分布带为框架向周边延伸，并连成片，形成了南至南二环，东、西、北 3 个方向均延伸至四环的北京市就业主导区。单从数量上说，相当一部分在这些地区就业的人口只能到外围地区寻找居住地。

而在外围区，除了顺义区天竺地区、通州区燕山地区部分街道办呈现就业高度主导特征外，其他地区的就业主导特性均不显著（图 4-11）。

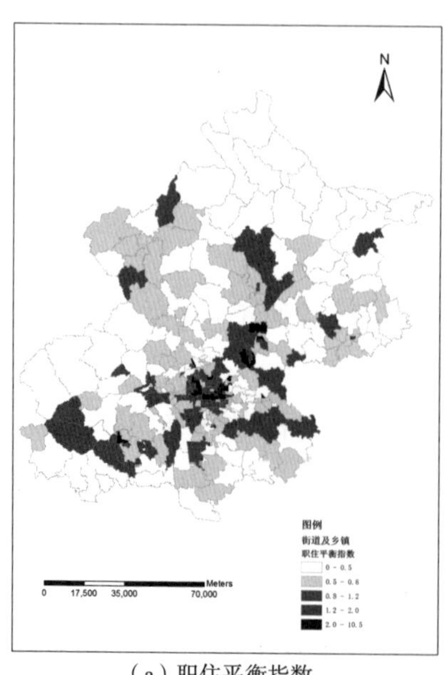

（a）职住平衡指数

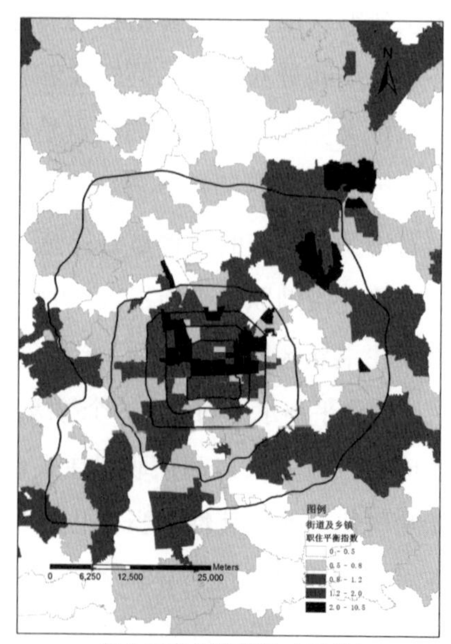

（b）职住平衡指数（局部）

图 4-11 北京市 2010 年职住平衡指数空间布局

数据来源：北京市第六次人口普查数据（2010），北京市企业调查数据（2010）。

从城市中心就业主导区向周边地区延伸，就业功能逐步减弱，而居住功能不断增强，由近到远依次是职住平衡区、居住主导区和显著居住主导区。基本呈现以就业主导区为核心，居住主导区为外围的同心圆空间分布格局。

结合就业人口空间布局及居住人口空间布局特征，从城市中心到外围，就业密度和居住密度的递减曲线呈现如下特征：城市中心区就业密度高于在职居住密度，这类区域为就业主导区，随着到城市中心距离的增加，就业密度下降速度较快，而居住密度下降速度较慢，从而在就业主导区外围形成了环状的居住主导区，其中居住主导区的外围边界不超过可承受通勤时间距离。当到市中心距离进一步增加时，居住密度和就业密度都很低，这些地区与城市中心的职住通勤联系已经非常弱，本研究将其划定为城市边缘区（图 4-12）。

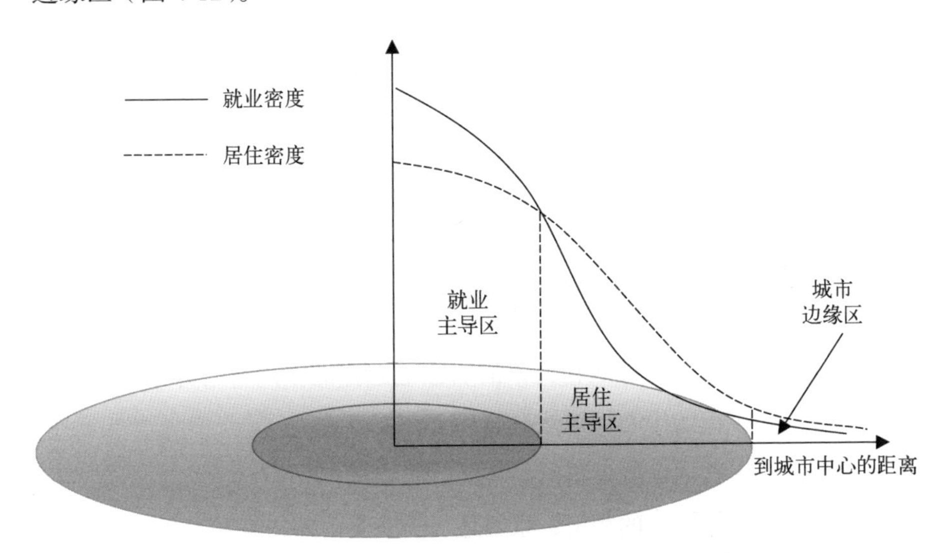

图 4-12　职住功能主导区空间布局（职住人口比重）

高度向心性就业空间布局特征奠定了城市中心区和城市边缘区之间的“钟摆式”职住通勤空间布局。这种上、下班通勤模式对进城和出城交通流影响最大。这一结果在调查分析中也得到了印证（陈蕾等，2011）。处在城市中心的居住区人口，平均通勤时间要远低于外围居住功能区。而且，城市中心的居住区人口在就业地选择方向上各个方向比较均匀，而周边地区居住人口的就业地选择方向中心指向性非常显著。

根据 Lowry 模型的基本分析框架，就业岗位空间分布格局对城市空间结构具有控制性作用。北京市就业功能的高度中心指向性促使居住人口在居住地选择方面尽可能地向城市中心靠拢，而在城市中心区居住用地供给总量约束、居住成本偏高以及交通设施条件改善的情况下，部分人主动或被动选择在城市中心区外围居住，并在这些地区形成一系列大型居住功能区。就业的中心指向性限定了这些大型居住功能区的布局范围，必须满足就业通勤的可承受时间需求。

第四节 北京市服务功能空间分布格局

商业、医疗和教育是城市服务功能的主要构成部分，这些服务功能与城市居民生活息息相关，其空间分布格局也是影响城市人口居住地选择的重要因子。本研究以上述 3 种城市服务功能为研究对象，分析北京市城市服务功能的空间分布格局。

一、商业服务功能的空间分布格局

北京市的商业网点以居住人口的居住地选择的空间布局为导向向外扩展，但等级和规模的中心性依然显著。

（1）北京市普通商业零售网点空间分布格局。

于伟等选定北京市的物美、京客隆、美廉美、超市发和家乐福等 9 家连锁超市的 409 家分店作为研究对象，研究了北京市商业郊区化的进程与空间特征（于伟，2012），并结合已有交通网络对北京市连锁超市网络空间分布特征进行总结（图 4-13）。认为北京市环状加放射状的干道网格局对商业网点的空间分布格局有显著影响，北京市商业在圈层式外向发展的同时，沿放射状交通廊道两侧形成多条扩散带。主要有京昌高速、京通快速路、高速和石景山路等，除此之外，京承高速、立汤路和京石高速沿线分布也比较多，而京开、京津唐和京沈高速公路沿线分布相对较少，特别是南四环外围地区分布偏少，整体上超市连锁店往北部郊区的扩展特征最为明显。

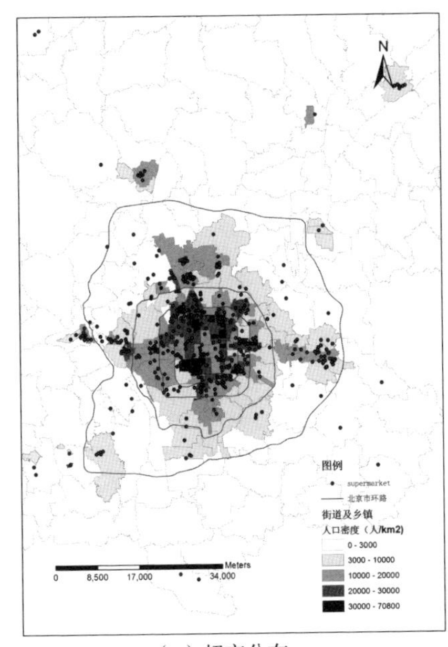

（a）超市分布

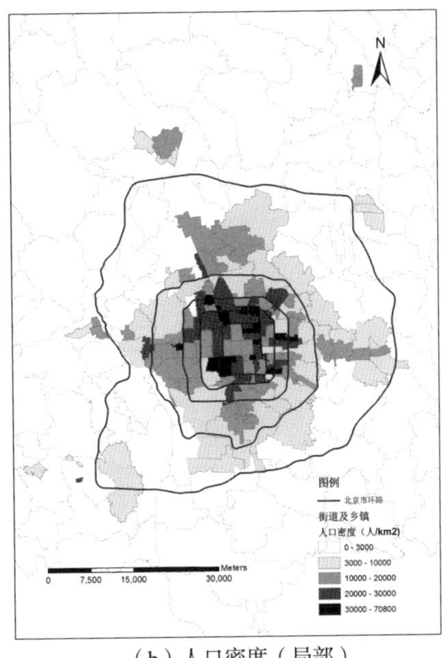

（b）人口密度（局部）

图 4-13　北京市 2010 年连锁超市分布图

数据来源：各超市主页上的门店分布资料进行汇总，北京市第六次人口普查数据（2010）。

对比 2010 年北京市人口密度空间布局特征不难发现，作为大众生活服务型商业网点，其空间分布格局与人口密度空间分布格局有较高的空间一致性。也就是说，作为以市场为导向的连锁超市商业网点，其空间分布格局依赖于居住地选择的空间布局。

（2）北京市商业零售规模空间分布格局。

商业网点的外扩提高了城市外围居住区的商业服务功能，但是高等级的商业服务功能依然集中在城市核心区。商业等级和规模从城市中心区向外围地区逐步降低。

2010 年的地均社会消费品零售额中，东城区和西城区依然显著领先，分别高达 12.7 亿元/km^2 和 9.4 亿元/km^2，其次为朝阳区、海淀区、丰台区和石景山区，为 2.0 亿～4.0 亿元/km^2，其他区则差距明显，均低于 0.2 亿元/km^2。

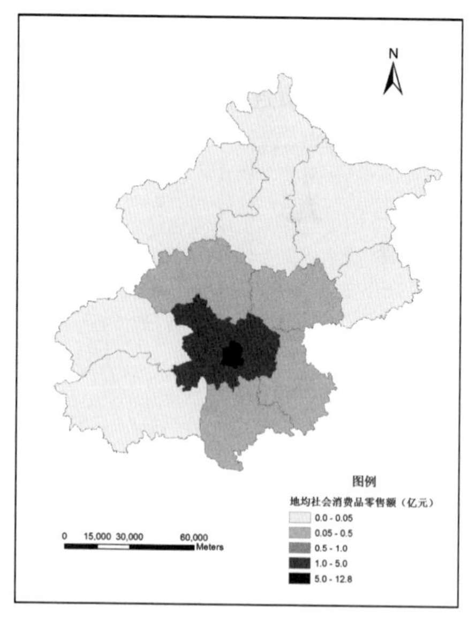

图 4-14 北京市 2010 年地均社会消费品零售额

数据来源：《北京市统计年鉴 2011》。

二、医疗卫生资源的空间分布格局

本部分从医疗服务能力和医疗服务水平两个方面分析北京市医疗卫生资源的空间分布格局，结果表明，北京市医疗服务能力以及医疗服务规模均呈现明显的单中心集聚格局。

（1）北京市医疗服务能力空间分布格局。

在医疗服务能力方面，北京市的医院空间分布格局具有明显的单中心集聚格局。位于城市中心区的东城区和西城区的地均医院数量最高，分别为 1.36 个/km^2 和 0.87 个/km^2，朝阳区、石景山区、丰台区和海淀区次之，分别为 0.28 个/km^2、0.23 个/km^2、0.20 个/km^2 和 0.14 个/km^2，其他区均小于 0.1 个/km^2。

在优质医疗资源方面，北京市的三级甲等医院的空间分布差异也非常明显，城市中心区在此类医院数量上占绝对集中优势。数量超过 10 个的有东城区、西城区和海淀区；其次是朝阳区和丰台区的数量超过了 5 个；其他区域的数量则不超过 2 个。

（2）北京市医疗服务规模空间分布格局。

具备优质的医疗服务能力的城市中心区在全市的医疗服务规模上也得到充分地体现。

本研究引入就诊人数区位商来衡量北京市医疗资源服务能力及实际服务规模的空间分布格局。具体公式如下：

$$Q=\frac{P_i / P_{\text{sum}}}{R_i / R_{\text{sum}}} \tag{4-1}$$

其中：Q为就诊人数区位商；R_i为2010年区（县）i的常住人口总数；R_{sum}为北京市2010年常住人口总数；P_i为2010年区（县）i的就诊人数；P_{sum}为北京市2010年的就诊总人数。若$Q>1$则说明本区的医疗单位对北京市的贡献较大，其服务水平高于本地居民的医疗需求，部分医疗服务提供给区外居民，Q的值越大说明其对区外服务能力越强。$Q<1$则说明本区的医疗单位对北京市的贡献较小，其服务水平低于本地居民的医疗需求，部分本地居民要到区外就医（图4-15）。

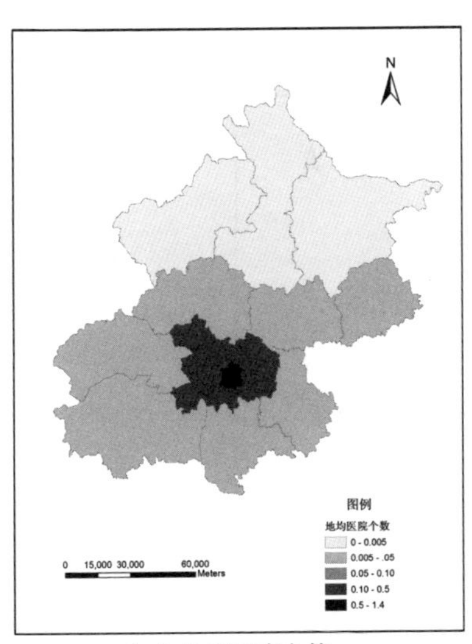

（a）地均医院个数

（b）就诊人次区位商

图4-15　北京市2010年医疗卫生资源空间分布图

数据来源：《北京市统计年鉴2011》。

运算结果表明，东城区和西城区是北京市的医疗中心，其就诊人数区位商分别高达 3.27 和 3.19。其次是朝阳区和房山区，略微高于 1，其他区均低于 1，而且基本呈现从城市中心向外围地区逐步降低的趋势。因此，北京市的医疗服务规模呈强中心性。

三、教育资源的空间分布格局

教育资源的空间分布格局也是影响城市居民居住地选择的重要因素。本部分以北京市的普通中学为研究对象，从北京市普通中学的学校数量、学校分布密度和在校学生人数 3 个方面分析北京市教育资源的空间布局特征。

在学校数量方面，朝阳区和海淀区分别有 74 所和 77 所；其次为东城区、西城区、丰台区、房山区、通州区、顺义区、昌平区和大兴区，学校数量为 38 ~ 51 所，其他区的中学数量均少于 25 所。

在学校分布密度方面，从城市中心到外围呈现显著的单中心集聚分布格局。东城区和西城区的中学校园密度高达 1.05 所/km^2 和 1.01 所/km^2；其次为朝阳区、丰台区、石景山区和海淀区，校园密度为 0.14 ~ 0.3 所/km^2；其他区（县）均低于 0.05 所/km^2（图 4-16）。

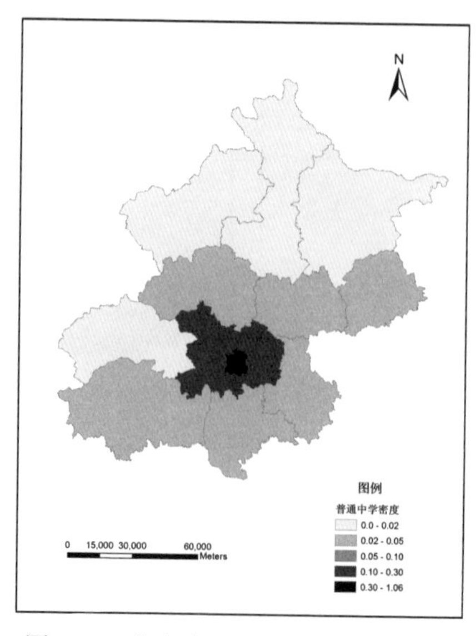

图 4-16 北京市 2010 年普通中学密度

数据来源：《北京市统计年鉴 2011》。

在教育资源服务规模方面，海淀区学校数量和个体学校的校园规模使其在校学生人数远高于其他区县，高达 99 467 人；朝阳区在校学生仅 50 002 人。东城区和西城区虽然在学校数量上与朝阳区相差 20 多所，其在校学生人数却与朝阳区相当，分别为 45 573 人和 53 634 人。其他区的在校学生人数均低于 32 000 人。

四、城市服务功能空间分布特征分析

由上述分析可知，北京市城市中心区的城市服务功能供给能力显著高于外围地区，其空间布局格局呈现显著地从城市中心区到周边逐步降低的态势。这种城市服务功能的空间分布格局进一步强化了城市中心区对城市就业人口居住地选择的吸引力。在城市服务功能吸引力和出行成本的共同约束下，城市居民居住地选择具有城市中心指向性特征。因此，北京市的城市功能空间分布特征也是“摊大饼”式城市扩展的重要驱动力之一。

本章小结

本章以城市空间结构决定因素为研究对象，分别分析了北京市的产业空间分布格局、居住人口空间分布格局和城市服务功能的空间分布格局。主要结论如下。

（1）第三产业已经成为北京市经济结构中的主体，吸纳就业人口的能力占据主导地位。与上海市和广州市比较，北京市第三产业优势明显。

（2）经济单中心集聚特征显著。从经济规模总量来看，北京市的经济规模基本呈现由中心向外逐渐降低的趋势；从地均产值来看，市中心六城区也占绝对优势，地均产值呈现由中心向外递减的特点；从人均产值来看，中心城区依旧占据最大的优势，空间上形成了从西北到东南的优势发展带。

（3）各产业空间布局层次分明。北京市第一产业的生产功能主要分布在城市发展新区和生态涵养发展区；第二产业布局在总体上比较均匀，仅有小规模的集聚。北京市工业产值较高的地区是海淀区、顺义区和朝阳区，

其他区较为平均；第三产业的产值由中心城区向外围衰减，显示出服务功能在核心城区的高度集聚性。

（4）就业人口中心指向性仍然较强。在就业总量方面，北京市中心区域是城市就业核心区，就业人口较高的乡、镇、街道办主要集中在这一区域。同时在城市外围区域，以亦庄、旧宫、宋家庄、天竺等为代表的就业人数较高的就业中心已经形成。与就业人口总量空间布局特征相比，就业密度空间格局的单中心性特征更明显。外围区域虽然在总量上达到一定的规模，形成一些明显的就业中心，但其就业密度仍然偏低。

（5）居住人口就业相关性显著。在居住人口总量方面，北京市中心城区人口的高位均匀和紧邻中心城区的外围区域的一系列大规模居住中心相结合，共同构成北京市居住人口的"大核心"。与居住人口总量空间布局特征相比，人口密度空间格局的单中心性特征更明显。外围区域虽然在总量上达到一定的规模，形成一些明显的居住中心，但仍处在低密度扩展阶段。

（6）城市服务功能梯度外扩。大众生活服务型商业网点的空间分布格局与人口密度空间分布格局有较高的空间一致性，而地均商业零售总额仍然高度中心集聚。医疗、卫生资源的城市中心区单核心集聚分布特征显著。教育资源呈现特色优势区域分布格局。

（7）在城市的就业、居住、交通和服务四大功能中，北京市的就业功能和服务功能在空间布局上均呈现出了显著的中心集聚特性。就业功能和服务功能对城市居民居住地选择具有重要的影响作用，在这两大功能的合力吸引和城市人口出行成本约束的共同作用下，城市居民的居住地选择范围受到制约，进而形成了"摊大饼"式城市空间扩展。

第五章　模型构建及参数设置

本章基于已有的线性 Lowry 模型和非线性 Lowry 模型框架，在分析二者特征的基础上构建适合本次模拟运算的 Lowry 模型框架，并在模型构建的基础上利用统计数据、投入产出表、企业调查数据等数据来源，完成模型模拟运算所需的参数设置。构建 Lowry 模型模拟运算的参数设置技术路线，为模型未来的实证研究奠定基础。

第一节　模型构建

Lowry 模型框架的运算逻辑认为，城市的产业空间布局是城市空间结构特征的决定因素。产业布局决定就业布局，就业布局决定居住布局，就业和居住布局影响着城市交通网络的运行效率。Lowry 模型以迭代的方式，在每个区域各产业产值确定的基础上，利用通勤时间成本函数和居住魅力指数共同作用下的重力模型将每个区域的就业人口的居住地配置在不同的区域。该过程不仅具有随机性，同时暗示先前的事物影响随后情况的发生，能够很好地模拟城市经济综合体运行过程。

Lowry 模型框架良好的结构扩展性使其在实际应用中可以根据研究对象需求的不同进行灵活变换。本研究综合考虑北京市城市空间结构现状特征和现有设备对模型模拟运算量的支撑能力，结合已有的模型理论推导成果，以模拟需求为导向，构建了符合本次模拟研究的 Lowry 模型框架。

一、本研究模型构建思路

模型的模拟运算需要如下条件的支撑：完善准确的数据来源、熟练的基础数据提取和处理、模型框架结构的模拟运算以及对模型模拟结果的良好分析。结合北京市的产业、基础设施发展水平和基础数据获取情况，本研究模型构建思路如下（图 5-1）。

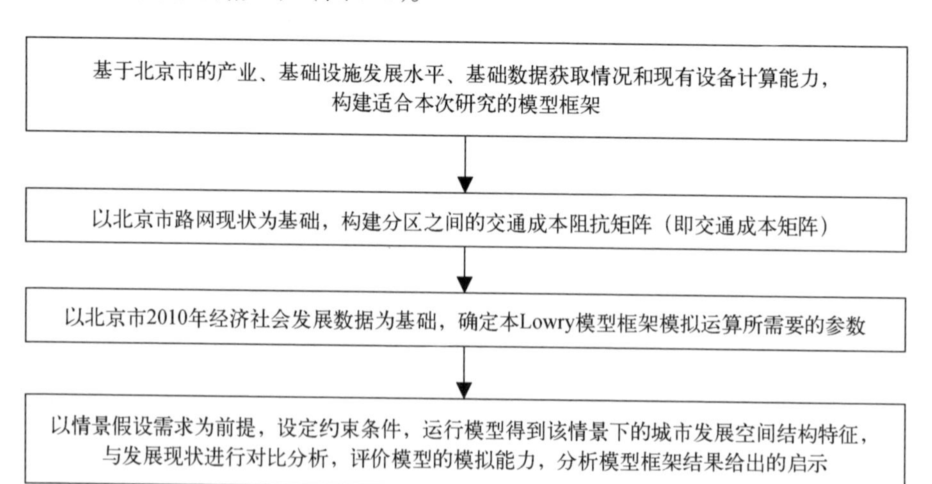

图 5-1　模型构建及运算流程

（1）基于北京市的产业、基础设施发展水平、基础数据获取情况和现有设备计算能力，构建适合本次研究的模型框架。本研究的数据来源主要基于《北京市统计年鉴》、北京市第六次人口普查数据、北京市 2010 年投入产出表、北京市 2010 年企业调查数据和 2004 年北京市城市规划分等级道路网络等，基本能够满足模型参数设置所需；已有的计算机设备通过了模型模拟运算需求量的运算能力验证；已有的模型理论框架给模型构建奠定了坚实的理论基础。

（2）计算基本分析单元之间的通勤时间距离，构建分区之间的交通成本阻抗矩阵。以 2004 年北京市城市规划分等级道路网络为基础，参考《中国公路设计标准》和《城市道路设计标准》，完成了对该道路网络中不同等级道路的车辆行驶速度标准及单车道车辆通行能力的设定，并提取了北京市 307 个乡、镇、街道办两两几何中心之间的最短路径前提下的通勤成本矩阵。

（3）以北京市 2010 年经济社会发展数据为基础，确定 Lowry 模型框架所需要的参数。以模型框架设定为基础，根据模型框架中参数的实际经济、社会意义，遵循准确性、科学性和适用性的原则对模型参数进行设定。

（4）以情景假设需求为前提，以模型模拟目标需求为导向，确定约束条件，进行情景假设，完成模型模拟运算，得到情景设置约束下的城市发展空间结构特征。通过对比模型模拟结果与北京市经济、社会发展及空间布局现状，评价本模型框架的模拟能力，并分析模型框架的情景模拟运算带来的启示。

二、本研究 Lowry 模型分析框架

Jun Myung-jin（2002）基于 Lowry 模型框架的基本思想设计的线性规划模型，具有相对简单的运算架构，而部分参数在计算和获得方面存在缺陷：①模型的目标函数仅要求研究区域的 GDP 总量最大化，而不考虑为了达到最大化目标所要付出的额外成本（如交通成本），不具备产业布局的优化功能。②该模型所应用的区域投入产出表自身存在构建难度大、准确性不高的缺陷，这些都影响了模型的使用范围。

这些缺陷在前文的非线性 Lowry 模型中得到了解决。与此同时，非线性 Lowry 模型结构的复杂性使模型运算量需求急剧上升。在基于遗传算法的 9 个分区、3 个产业的模拟运算中，达到收敛需要迭代约 30 000 次，所需要的模型运算时间约为 1 小时 20 分钟，虽然与普通算法比较，运算效率得到了很大的提高，但是面对更多的变量，其效率还是显得比较逊色。在实证研究中，区域划分过少会掩盖很多空间特征，影响模型的分析和解释能力，而设置分区过多，模型的运算效率急剧下降，严重影响研究工作的进程。因此，算法的继续突破是非线性 Lowry 模型的进一步研究方向。

根据已有模型理论研究基础，结合实证研究对象特征的需要，本研究在线性 Lowry 模型和非线性 Lowry 模型框架的基础上，取二者之长，对模型结构进行适当的调整，构建适合本次研究的 Lowry 模型分析框架（图 5-2）。一方面汲取线性 Lowry 模型框架简单、运算效率较高的优点；另一方面将线性 Lowry 模型中的目标函数及部分框架结构进行调整。本模型框架主要

由目标函数、分析框架和约束条件三部分构成。

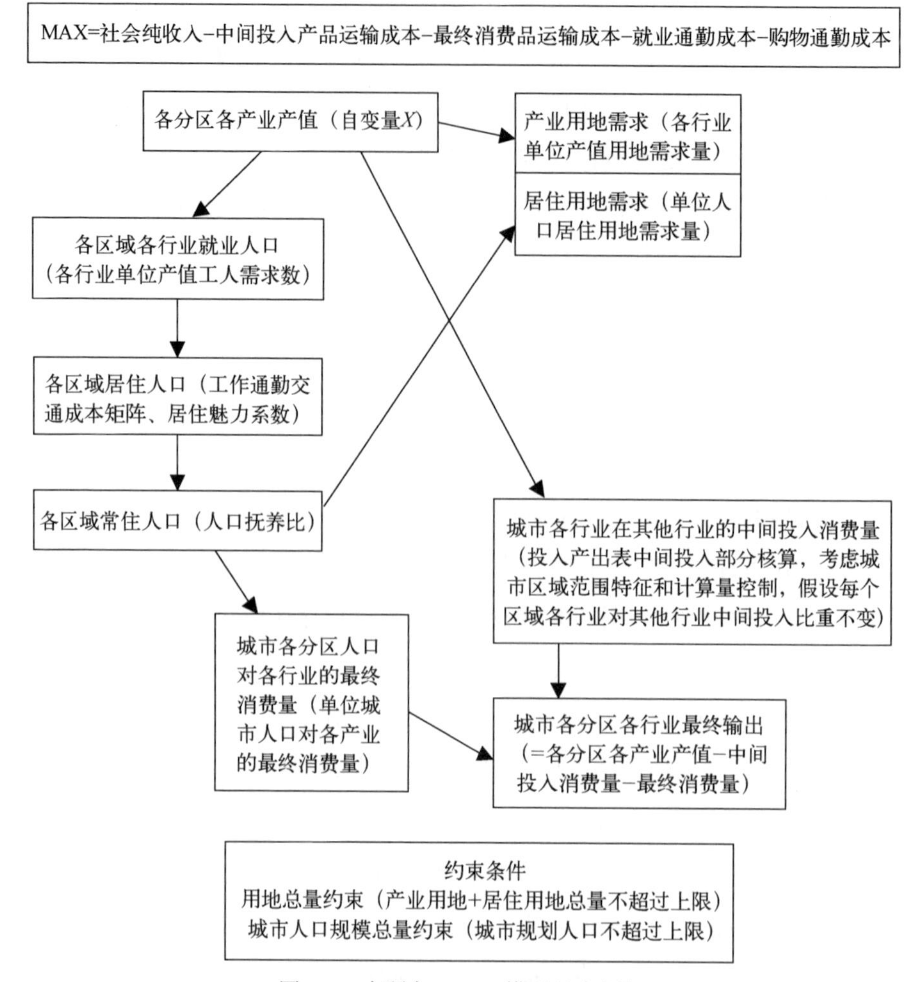

图 5-2 本研究 Lowry 模型基本框架

（1）确定目标函数。

模型框架以每个研究区域的各产业产值为自变量，也是模型框架运算的起点，以扣除中间投入产品运输成本、最终消费品运输成本、就业通勤成本和购物通勤成本之后的社会纯收入达到最大化需求为目标函数。

在完全竞争的城市经济体系中，追求净收益最大化是各产业部门的经营目标。在该目标的指引下，所有产业需要在投入和产出之间寻找自身最佳的均衡点。随着到市中心距离的增加，土地利用成本逐步降低，产品的运输成本在增大。产业对土地成本的支付能力和产品运输成本的敏感性决定着其空间布局特征。

在土地利用竞争中，城市的每一块土地均被出价最高者使用，这种竞争结果使城市土地的地租总量达到最大。支撑这种土地租金支付能力的是选择该地块的产业自身的净收益。因此，土地利用格局也代表着产业部门的净收益空间分布格局，土地利用竞争的结果促使城市产业净收益达到最大。

1826 年，杜能在《孤立国同农业和国民经济的关系》中反映了地租和交通成本对不同收益效率农作物空间布局的影响，奠定了农业区位理论的基础。

① 杜能区位论的假设前提。

杜能区位论将研究对象假设为“孤立国”，并满足如下条件：

- 在肥沃的平原中央只有一个城市；
- 没有可用于水运的天然河流和运河，马车作为唯一的运输工具；
- 土地的肥沃程度相同，所有地点都可以进行耕作；
- 距城市中心超过 50 英里（1 英里≈ 1 .61 千米）的地方均为荒野，和其他地区隔绝；
- 平原地区所需要的人工产品仅由中央城市供给，而中央城市所需要的食物仅由周围平原地区供给；
- 食盐坑和矿山都在城市附近。

在上述前提条件下，杜能区位论旨在探索两个方面的问题：一是在这种供需关系条件下，农业生产将呈现出什么样的状态；二是合理经营农业时，到城市中心距离的差异将如何影响农业产生。换而言之，即当从土地取得最大的纯收益时，土地的经营方式会随着其到城市中心距离的增加而如何发生变化。

从需要探索的问题中可知，模型框架中的农业是追求收益最大化的农业，因此，追求收益最大化是该模型框架的重要前提条件。

② 杜能区位论的形成机制。

在前述各种假设基础上，杜能进一步设定了农产品的运费与距离及重量成比例，不同作物设定不同的运费率，地租收入最大化的追求目标完全依赖于农产品的生产活动，最终获得的一般地租收入公式如下：

$$R = PQ - CQ - K_tQ = (P - C - K_t)Q \tag{5-1}$$

其中，R：地租收入；P：农产品的市场价格；C：农产品的生产费；Q：农产品的产量（等同于销售量）；K：距城市（市场）的距离；t：农产品的运费率。

杜能认为，对同一种作物而言，随着到市场的距离不断增加，产品从产地到消费地之间的运费也不断增加，种植该作物可获取的地租收入 R 却不断减少。当某种作物的地租收入降低至零时，即使耕作技术允许，经济上也不合理，这个零地租收入所在地将成为该种作物的种植区域分布极限。将每种作物在市场（运费为零）所在地的地租收入和种植极限位置连接形成的曲线称为地租曲线。每种作物都对应一条地租曲线，作物的运费率决定曲线的斜率，运费率高的农作物一般斜率较大；反之，则斜率较小。

通过对研究区域内所有农作物的土地利用进行计算，杜能得出各种作物的地租曲线的高度和斜率（图5-3上半部分）。因为研究中的农产品生产活动是以追求地租收入最大化为目标的合理活动，因此，所有的农场主都会选择种植那些能够使其地租收入达到最大的农作物，从而形成了农业土地利用的杜能圈结构（图5-3下半部分）。

在杜能区位论中，将地租广义地定义为生产部门的净收益，即该部门的总产值中扣除本部门的生产成本和产品从生产地到市场之间的运输成本之后的剩余。在各生产部门以追求地租收入最大化为目标的假设条件下，基于生产效率的差异，不同部门在同一地块获取的地租收入不同，所有地块均被地租收入最高的部门使用；对特定部门而言，其地租收入随着市场距离的增加而减小。这种竞争促使城市土地的总地租收入最大。

本研究借助杜能区位论中的广义地租定义，将城市土地的地租总收入最大作为目标函数，利用研究区域投入产出表提取相关参数。

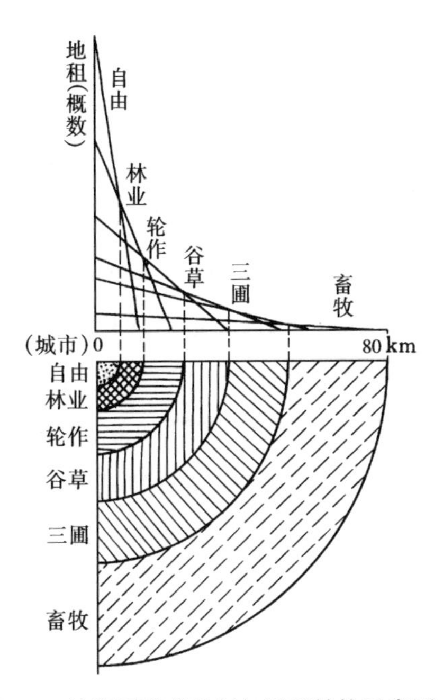

图 5-3　杜能圈形成机制与圈层结构示意图

资料来源：胁田武光. 立地论读本（Ⅰ）. 东京：大明堂，1983.（李小建等《经济地理学》）

在投入产出表中，按照投入法统计，将中间投入总量（扣除交通运输部门）、固定资产折旧和劳动者报酬的总和与杜能区位论中地租收入公式的部门生产成本对应。此外，将交通运输部门对各部门的中间投入量（包含中间产品运输和最终产品运输成本）、就业人口通勤成本和居住人口从居住地购物通勤的成本的总和与杜能区位论中地租收入公式的交通成本消耗对应。

因此，本模型的目标函数确定为扣除城市部门运行的生产成本和交通消耗后的部门净剩余总量最大。

（2）模型框架构建。

利用 Lowry 模型基本原理，以研究区域的每个产业产值为起点，计算出每个产业在特定生产条件下为其他产业提供的中间投入产品数量、所需的劳动力数量和土地数量等，进而得出社会总人口需求及人口生产生活资源需求，从产业产值需求获得经济社会系统运行所需的资源和社会需求。

本研究对非线性 Lowry 模型框架部分功能进行参数化处理，完善线性模型框架功能。重力模型是根据目的地需求正相关、产地与目的地之间的距离负相关的模式完成中间投入产品的空间分配和本地消费产品的空间分配，根据居住地居住魅力大小正相关、职住两地距离负相关完成就业人口的居住地空间分配的重要工具。在非线性 Lowry 模型的中间产品和本地消费产品空间分配过程中，产地与目的地需求均与各研究单元的每个产业产值相关，这种设定能够比较准确地描述货物流的空间分布格局。本研究的模型建立在线性框架之下，为实现非线性 Lowry 模型中的这一功能，对线性 Lowry 模型的中间投入和最终产品空间配置重力模型中的目的地吸引变量参数化。具体操作是以研究目标年份的产业产值空间布局特征和商业人口空间分布格局为基础，分别设定中间投入产品空间吸引力系数和本地消费需求空间吸引力系数。

此外，以研究区域经济社会发展现状为基础，设定其他所需参数，促使模型框架能够在运算效率较高的线性规划体系中尽量精确地反映模型诉求，完善模型的分析功能，提升模型框架的分析能力。

（3）以城市土地供给约束和各行业最终输出需求为终点，以模型模拟运算的研究目标需求为导向，完成模型情景模拟运算的约束条件设置，构建本模型分析框架的约束条件体系。

（4）以目标函数为最优化目标，以模型参数设置为基础，以模型约束条件体系为支撑，完成模型最优化模拟运算。

三、模型构建

在分析研究的基础上，将上述分析框架转换为数学语言，形成本研究分析模型的基本架构，包括目标函数、约束条件体系和模型参数含义的解释。

首先，模型框架以每个研究区域的每个产业总产值为自变量，目标函数由三部分构成：第一项为社会纯收入；第二项为就业通勤成本；第三项为购物通勤成本；第四项为中间投入产品运输成本；第五项为最终消费品运输成本。即求扣除就业通勤总成本、购物通勤成本、中间投入产品运输成本和最终消费品运输成本之后的社会纯收入最大化。

$$
\begin{aligned}
MAX = & \sum_{i=1}^{m}\sum_{k=1}^{n} Z^{(k)} x_i^{(k)} - \sum_{i=1}^{m} H_i \sum_{j=1}^{m}\left[c_{ij}^{w} \times \frac{w_j}{g(c_{ij}^{w})} \Bigg/ \sum_{u=1}^{m} \frac{H_u}{g(c_{uj}^{w})} \right] \\
& -\sum_{i=1}^{m} s_i \sum_{j=1}^{m}\left[c_{ji}^{s} \times \frac{R_j}{g(c_{ji}^{s})} \Bigg/ \sum_{u=1}^{m} \frac{s_u}{g(c_{ju}^{s})} \right] \\
& -\sum_{i=1}^{m}\sum_{k=1}^{n}\sum_{j=1}^{m}\sum_{l=1}^{n}\left[a_{kl} x_i^{(l)} P_j^{(k)} \Bigg/ \sum_{u=1}^{m} \frac{P_u^{(k)}}{f(c_{iu}^{(k)})} \right] - \sum_{i=1}^{m}\sum_{k=1}^{n}\sum_{j=1}^{m}\left[\beta_k R_i^{c} Q_j^{(k)} \Bigg/ \sum_{u=1}^{m} \frac{Q_u^{(k)}}{f(c_{iu}^{(k)})} \right]
\end{aligned}
\quad (5\text{-}2)
$$

其次，以土地供给总量，各行业最终输出需求为约束条件，构建模型分析框架的约束条件体系。

约束条件为式（5-3）～式（5-13）：

$$
x_i^{(k)} - \sum_{j=1}^{m}\sum_{l=1}^{n}\left[\frac{a_{kl} x_i^{(l)} P_j^{(k)}}{f(c_{ij}^{(k)})} \Bigg/ \sum_{u=1}^{m} \frac{P_u^{(k)}}{f(c_{iu}^{(k)})} \right] - \beta_k R_i^{c} = F_i^{(k)}
$$

$$
i = 1,2,\cdots,m \;;\; k = 1,2,\cdots,n \quad (5\text{-}3)
$$

$$
w_i = \sum_{k=1}^{n} \delta^{(k)} x_i^{(k)} \qquad i = 1,2,\cdots,m \quad (5\text{-}4)
$$

$$
R_i = H_i \sum_{j=1}^{m}\left[\frac{w_j}{g(c_{ij}^{w})} \Bigg/ \sum_{u=1}^{m} \frac{H_u}{g(c_{uj}^{w})} \right] \qquad i = 1,2,\cdots,m \quad (5\text{-}5)
$$

$$
TP_i = \omega R_i \qquad i = 1,2,\cdots,m \quad (5\text{-}6)
$$

$$
R_i^{c} = s_i \sum_{j=1}^{m}\left[\frac{TP_j}{g(c_{ij}^{s})} \Bigg/ \sum_{u=1}^{m} \frac{s_u}{g(c_{ju}^{s})} \right] \qquad i = 1,2,\cdots,m \quad (5\text{-}7)
$$

$$
\phi^{(k)}(x_i^{(k)}) \leqslant L_i^{k} \qquad i = 1,2,\cdots,m \quad (5\text{-}8)
$$

$$
\sigma(TP_i) \leqslant L_i^{R} \qquad i = 1,2,\cdots,m \quad (5\text{-}9)
$$

$$
L_i^{R} + L_i^{k} \leqslant L_i \qquad i = 1,2,\cdots,m \quad (5\text{-}10)
$$

$$
x_i^{(k)} \leqslant xup_i^{(k)} \qquad i = 1,2,\cdots,m \quad (5\text{-}11)
$$

$$
\sum_{i=1}^{m} F_{\mathrm{i}}^{(k)} \leqslant Fu_k \qquad k = 1,2,\cdots,n \quad (5\text{-}12)
$$

$$x_i^{(k)} \geqslant 0, w_i \geqslant 0, R_i \geqslant 0, TP_i \geqslant 0, R_i^c \geqslant 0, i=1,2,\cdots,m, k=1,2,\cdots,n \qquad (5\text{-}13)$$

最后，在约束条件和情景的设定下完成模型最优化运算和求解。

其中，a_{kl}：投入产出模式中的中间投入系数，它们在各区域之间是相同的，没有差异的，$Z^{(k)}$：k 部门的社会纯收入率（即社会纯收入占产业总产值的比重）。$F_i^{(k)}$：i 区域的 k 部门的净输出。Fu_k：全市 k 部门的净输出总额上限。$f(c_{ij}^{(k)})$：k 部门的单位产出从 i 区域运往 j 区域的运输成本函数。c_{ij}^w：i 区域的每个就业人口到 j 区域的上、下班通勤成本。c_{ij}^s：i 区域的每个就业人口到 j 区域的购物通勤成本。$g(c_{ij}^w)$：i 区域的每个就业人口到 j 区域的上、下班通勤成本阻抗函数。$g(c_{ij}^s)$：i 区域的每个就业人口到 j 区域的购物通勤成本阻抗函数。H_i：i 区域的居住魅力指数。S_i：i 区域的购物魅力指数。$P_j^{(k)}$：j 区域 k 部门的中间投入需求指数。$Q_j^{(k)}$：j 区域 k 部门的最终消费品供给指数。$\delta^{(k)}$：k 部门单位产出所需的就业人口。L_i^k：i 区域 k 部门的用地约束量。L_i^R：i 区域的居住用地约束量。L_i：i 区域的产业用地和居住用地总量约束。$\sigma(TP_i)$：i 区域的居住用地需求函数。$xup_i^{(k)}$：i 区域的 k 部门的总产出上限，为外生变量。

$x_i^{(k)}$：i 区域的 k 部门的总产出，为内生变量。R_i^c：在 i 区域期望的消费人数，为内生变量，β_k 为人均对 k 部门的最终使用系数，ω 为目标年份一个就业人口能够抚养的总人口数量，是外定参数，这样，$\beta_k R_i^c$ 就是 i 区域对 k 部门的最终使用量。w_j：j 区域的就业人口数；R_j：在 j 区域居住的就业人口数，TP_j：在 j 区域居住的总人口数量，它们均为内生变量。

第二节　模型基本参数设定

在模型的模拟运算过程中，模型参数的准确性直接影响模型模拟和预测结果的准确程度，设定符合实际的参数体系，是提高模型解释能力的关键。本部分依据上述模型框架的需求和北京市经济社会的发展现状，遵循科学性、准确性和严谨性的原则，设定模型运行所需的各项参数。

一、研究基本单元

在研究工作中，研究基本单元的选择决定研究结果准确性的高低，而数据的可获得性是研究工作得以继续的根本保证。在城市研究层面上，能够兼顾研究精度和数据的可获得性的研究尺度只有乡、镇、街道办。本次研究以北京市为研究对象，分析北京市经济社会发展空间结构特征，选取基于街道办的行政划分为基本的研究单元最为恰当。

二、北京市产业门类之间的消费系数

投入产出表是反映一定时期内的特定研究区域中各部门之间相互联系和平衡比例关系的一种平衡表。投入产出表可全面、系统地反映出一定区域内特定时期的国民经济各部门之间的投入产出关系，揭示生产过程中各部门之间相互依存和相互制约的经济技术联系。一方面，该表能告诉人们各国民经济部门的产出情况，以及这些部门的产出如何分配给其他部门用于生产，或者怎样分配给当地居民和社会用于最终消费，或者调出本地区以外或出口到国外；另一方面，该表还能告诉人们，各部门怎样从其他部门取得中间投入产品及其最初投入的状况。

投入产出表的核算功能不仅在于反映国民经济各个部门在生产过程中直接的、较为明显的经济技术联系，而且能够揭示出各部门之间间接的、较为隐蔽的、甚至被人忽视的经济技术联系。

在价值型投入产出表中，第 j 部门生产单位产出直接消耗第 i 部门的产品量，称为第 j 部门对第 i 部门的价值直接消费系数，记作 a_{ij}，即

$$a_{ij} = \frac{x_{ij}}{X_j} \qquad (i, j = 1, 2, \cdots, n) \tag{5-14}$$

在本研究中，借助北京市 2010 年投入产出表，按照上述产业门类合并需求，归并出 7 个产业门类的投入产出表，然后计算出 7 个产业门类之间的消费系数（表 5-1）。

表 5-1 产业门类之间的消费系数

	劳动密集型制造业	资本密集型制造业	技术密集型制造业	其他行业	一般服务业	生产性服务业	社会服务业
劳动密集型制造业	0.2389	0.0167	0.0321	0.0908	0.0597	0.0346	0.0258
资本密集型制造业	0.1296	0.2825	0.0766	0.1203	0.0140	0.0326	0.2052
技术密集型制造业	0.0136	0.0128	0.4728	0.0482	0.0199	0.1081	0.0225
其他行业	0.1478	0.2614	0.0154	0.3415	0.0527	0.0479	0.0931
一般服务业	0.1326	0.0654	0.1608	0.0725	0.0540	0.0868	0.0714
生产性服务业	0.1080	0.1401	0.0682	0.1205	0.3356	0.3244	0.1099
社会服务业	0.0020	0.0017	0.0009	0.0043	0.0031	0.0077	0.0379

数据来源：北京市投入产出表（2010）。

三、北京市人均最终使用系数

人均最终使用系数是 Lowry 模型框架中的重要组成部分，其目的在于核算每个产业的本地居民消费支出、政府消费支出及资本形成总额。

实际生活中，居民的消费喜好与其自身的收入水平、受教育程度、从事行业等社会属性直接相关。居民社会属性的差异性决定着消费部门的差异程度。本研究需要研究整个城市经济系统中的总体消费水平和结构，因此忽略掉消费对象的差异性。

同时，假设本地政府消费支出规模及资本形成总额与城市规模（即城市常住人口规模）呈正相关关系。利用投入产出表中的最终消费支出、资本形成总额和对应年份的城市常住总人口核算出研究对象城市的人均最终使用系数。该系数仅能反映整体水平，适合对城市整体经济系统结构层面上的讨论。

本研究中的人均最终使用系数用于反映本地人口在每个行业的人均最终使用量。从合并后的 2010 年北京市投入产出表获取各部门的本地居民消费支出、政府消费支出及资本形成总额数据，选取 2010 年北京市常住人口总量作为模型系数运算的人口规模基数。根据数据可获得性，设定人均最终使用系数计算公式为：

$$人均最终使用系数=\frac{2010年各部门最终使用总量}{2010年北京市常住人口总量} \quad (5\text{-}15)$$

运算结果如下（表 5-2）：

表 5-2　北京市 2010 年各产业人均最终使用量

部　门	人均最终使用系数（万元/人）
劳动密集型制造业	0.5582
资本密集型制造业	0.1534
技术密集型制造业	0.6415
其他行业	1.5686
一般服务业	0.4150
生产性服务业	2.7764
社会服务业	1.0253

数据来源：北京市投入产出表（2010）。

四、北京市劳动力需求系数

本模型框架中的劳动力需求系数指的是本地各产业部门单位总产值所能提供的就业岗位数。该系数可以反映出所关注产业对研究目标城市的就业拉动水平，在本模型框架中是联系产业产值和就业人口之间的纽带，间接影响着产业的综合竞争力。

本研究借助 2010 年北京市企业调查数据，分别统计出 2010 年北京市各产业部门的总产值和 2010 年北京市各产业部门的就业人口总数。根据本研究需要和数据可获得性，设定劳动力需求系数的计算公式为：

$$劳动力需求系数=\frac{2010年各部门总就业人数}{2010年各部门总产值} \quad (5\text{-}16)$$

运算结果如下（表 5-3）：

表5-3　北京市2010年各产业单位产值劳动力需求系数

行　业	劳动需求系数（人/万元）
劳动密集型制造业	0.0319
资本密集型制造业	0.0090
技术密集型制造业	0.0085
其他行业	0.0184
一般服务业	0.0405
生产性服务业	0.0227
社会服务业	0.0454

数据来源：北京市企业调查数据（2010）。

五、北京市距离成本阻抗矩阵

城市交通成本指的是居民出行所支付的全部货币，它主要由车辆自身所承担的成本、出行者所付出的时间成本、出行者所消耗的空间成本和出行对社会所造成的成本组成（胡永举，2009）。其中，时间成本是一切成本因素的主线，两地之间所需的通勤时间越长，其他成本将会跟着增加。本研究结合各种出行成本的自身特性和研究过程中的可操作性，选取时间成本作为衡量居民就业、购物通勤距离的衡量要素。

在交通规划过程中，常用交通阻抗作为影响居民OD流的出行成本。交通阻抗是指交通网络上路段或者路径之间的运行距离、时间、费用、不舒服度等因素的综合；为简单起见，也可指其中的某个因素。根据本研究需要，我们认为距离成本阻抗矩阵指的是在一定道路网络基础上，北京市任意两个乡、镇、街道办的几何中心之间的通勤所需要时间的成本函数。

本研究以2004年北京市城市总体规划道路网络为路网基础，参考《中国公路设计标准》和《城市道路设计标准》，对该道路网络中不同等级道路的车辆行驶速度标准及单车道车辆通行能力进行如下设定（表5-4）。

表 5-4 北京市道路网络道路属性

道路等级	速度设定（km/h）	单车道通行能力（pcu/h/ln）
国道	80	1800
市道	60	1600
县道	40	1000
城市快速道路	80	2000
中心城主干道	60	1500
中心城次干道	40	1300
中心城支路	30	1200
区县主干道	50	1300
区县次干道	30	1200
城铁	60	

数据来源：《中国公路设计标准》和《城市道路设计标准》。

根据表 5-4 的道路速度设定，在路网基础上寻找北京市任意两个乡、镇、街道办之间的最近距离，并计算两两街道办（街道办 i 到街道办 j ）之间的理想时间和距离 $C(ij)$ 。从道路网络中可以供给计算机软件直接提取出所有研究基本单元几何中心之间的两两最短路径通勤时间。实际生活中客观通勤时间距离成本和人们通勤过程中的时间感受成本是不同的。孟斌等（2010）通过抽样调查获得北京市 2010 年的就业通勤时间分布状况。通勤时间在 30 分钟以内的人口占抽样调查总人口比重的 27.4%，30 ~ 60 分钟的比重达 56.8%，60 ~ 90 分钟的比重为 12%，90 分钟以上的人口仅占抽样调查人群总数的 3.8%。可以看出，90 分钟以上通勤时间的人口比重已经非常小。黄士正的调查表明，购物途中花费时间小于 30 分钟的人数占调查总人数的 47%;购物途中花费时间在 30 ~ 60 分钟的人数占调查总人数的 33.4%，两者合计为 80.4%；购物途中花费时间大于 1 小时的人数仅占调查总人数的 19.6%（黄士正等，1989）。

在模型模拟运算过程中，基于时间距离成本 $C(ij)$ ，可以分别选择基础时间距离成本 $C(ij)$ 、指数函数模式 $\alpha\times\exp(\beta\times C(ij))$ 和幂函数模式 $C(ij)^{\alpha}$ 作为区域之间的通勤阻抗函数。

（1）2010 年北京市通勤阻抗矩阵估算。

基于上述分析，笔者认为在居民出行选择模式中，通勤所要付出的心理成本与实际时间消耗成本之间呈指数函数关系或者幂函数关系。为了在这两种函数关系之间进行选择，本研究以最小二乘法为基本原理，借助遗传算法编写模型参数选择模型。

具体步骤如下：第一，利用北京市企业调查数据（2010）获取 2010 年北京市各乡、镇、街道办的就业人口；利用北京市第六次人口普查数据和 2010 年北京市人口抚养比系数估算各乡、镇、街道办的在职居住人口数据。第二,以居住用地可用面积为主导的居住魅力指数构建就业人口职住 OD 流的空间布局吸引力系数，将本模型框架中的重力模型作为就业人口的居住地空间分配模型。第三，分别对基于上述几种通勤阻抗函数进行情景设置。第四，采用最小二乘法，以在就业人口空间布局前提下，不同阻抗函数约束下的重力模型对就业人口居住地空间布局模拟值与第六次人口普查现状值之间差异性最小为目标函数，以遗传算法为支撑计算目标函数的最优解。

通过最优解对比分析，指数函数模式 $\alpha \times \exp(\beta \times C(ij))$ 的模拟效果最好，其中，α 的大小主要影响通勤成本的绝对大小，最终影响通勤成本总额，不影响最终区域之间的就业人口居住地选择比重差异。β 的大小则影响随着时间距离变化而带来的区域之间的通勤阻抗之间的相对差异，主要反映在时间距离的约束下，不同通勤时间范围内的就业人口选择居住地的比重。这里的回归分析过程中只能获取 β 的最优取值，最终 $\beta = 1.5694$ 时，拟合程度最好。因此在本研究中，重力模型的通勤阻抗函数将选取指数函数模式，并且 $\beta = 1.5694$。

在购物通勤中，虽然面对不同的购买对象，居民愿意付出的购物通勤时间有显著差异（仵宗卿等，2001）。但总体上来看，居民购物出行人数与购物路途所需花费的时间呈负相关关系。已有的文献表明，居民购物出行与居民的购物活动出发地和购物对象的吸引力共同决定着居民的购物行为，而且购物通勤时间的影响作用最大。曾锵的调查表明，在所有影响购物地选择的因素中，距离是首要影响因素（曾锵，2010）。由于没有各街道办的购物人口数据，而就业通勤和购物通勤活动的主体均为城市人口，二者对通勤时间的忍耐程度具备相似性，本研究中假设购物通勤阻抗函数和就业通勤阻抗函数相同。

就业通勤阻抗函数以及购物通勤阻抗函数的作用主要体现在对城市职住 OD 流和购物 OD 流的核算。而这种 OD 流所带来的通勤经济成本是目标函数中核算的重要部分，需要从现实经济系统中进行参数提取和核算。

（2）2010 年北京市就业通勤及购物通勤成本估算。

本研究借助四阶段法的通勤成本核算体系，认为两个地区之间的通勤成本等于两个地区之间的通勤人口数量（即 OD 流量）和两个地区之间单人通勤平均成本的乘积。而单人的平均通勤成本为地区单位时间的平均工资和两个地区之间的通勤所需时间的乘积。

2010 年，北京市城镇在岗职工平均工资为 6.5683 万元/年。按照一年 365 天，52 周，每周工作 5 天，每天工作 8 小时进行计算，每小时的平均工资为 31.58 元。因此，按照上述计算方法，如果一个就业人口在一年当中的每个工作日都上班，并且每天上班通勤时间消耗为 1 小时，则该通勤者一年中就业通勤消耗的时间成本为 0.8210 万元。

以表 5-4 中的速度设定和 2004 年北京市城市总体规划道路网络为基础获取两两地区之间最短路网距离通勤时间矩阵。此外，在每个地区到其他区域的所有通勤时间中，选取其中最小的一个，将其设定为该区域内通勤的平均通勤时间。

利用两两区域之间的最短路网距离通勤时间乘以单位时间内的通勤成本即可得到区域之间通勤的实际经济成本矩阵。

（3）2010 年北京市货物运输成本估算。

模型目标函数中需要扣除部门间的中间投入和各产业的最终消费两部分货物从生产地到消费地之间的运输总成本，就必须探讨用于中间投入和最终消费这两部分的货物流量空间布局。

本模型认为，货物从生产地给各个区域的中间消费和最终消费的流量与目的地区域的中间投入需求量和最终消费需求量呈正相关，与生产地和消费地之间的距离呈负相关。

在消费需求方面，借助北京市 2010 年的投入产出表，分别计算出每个产业单位产值的中间投入系数和最终消费系数。

在货运成本方面，分别借助《中国物流年鉴 2011》《北京统计年鉴 2011》及 2010 年北京市企业调查数据的相关数据核算出单位经济总产值每千米的物流费用需求。

本模型假设中间投入和最终消费的货物运算均通过道路运输实现。分别从上述年鉴获取 2010 年的北京市物流业务总收入、规模以上物流业务总收入、规模以上道路货物运输业总收入、公路货运周转量、公路货运量、北京市各产业总产值（表 5-5）。

表 5-5　北京市 2010 年道路运输数据

年　　份	2010
物流业务总收入（亿元）	1686.1
规模以上物流业务总收入（亿元）	1260.2
规模以上道路货物运输业总收入（亿元）	152.1
公路货运周转量（万吨/千米）	1 015 944
公路货运量（万吨）	20 184
北京市各产业总产值（亿元）	45 736.35

数据来源：北京市企业调查数据（2010），《中国物流年鉴 2011》《北京市统计年鉴 2011》。

① 核算道路货物运输业总收入。由于没有道路货物运输业总收入的统计数据，本研究对其进行估算，假设道路货物运输业总收入占物流业务总收入的比重与规模以上道路货物运输业总收入占规模以上物流业务总收入的比重相同。具体公式如下：

道路货物运输业总收入=（物流业务总收入）×（规模以上道路货物运输业总收入/规模以上物流业务总收入）　（5-16）

借助上述假设和运算公式，计算得到北京市 2010 年道路货物运输业总收入为 203.5041 亿元。

② 公路货运中每吨货物每千米的平均运费核算。我们假设模型中所有

货物的运输成本相同，获得道路货物运输总收入，而道路货物运输总收入的高低取决于公路货运周转量。具体计算公式如下：

$$公路货运中每吨货物每千米的运费=\frac{道路货物运输业总收入}{公路货运周转量} \quad (5\text{-}17)$$

借助上述假设和运算公式，计算得到2010年北京市每吨货物每千米的平均运费为0.0002万元/（吨·千米）。

③ 单位产业总产值货运需求量估算。统计数据中没有分行业的物流信息，仅有全市的公路货运量总量，因此仅能建立全市总产值和公路货运总量之间的函数关系，并以此反映产业总产值与公路货运量之间的平均关联水平。具体公式如下：

$$单位产业总产值货运需求量=\frac{公路货运量}{北京市产业总产值} \quad (5\text{-}18)$$

借助上述假设和运算公式，计算得到2010年北京市单位产业总产值的货运需求量约为0.4413吨/万元。

第四，单位产业总产值每千米运输费用估算。借助单位产值货运需求量和公路货运中每吨货物每千米的平均运费可以建立产业产值与物流费用之间的关系。借助前述研究，具体计算公式如下：

$$\begin{aligned}&单位产业总产值每千米运输费用=单位产业总产值货运\\&需求量\times公路货运中每吨货物每千米的运费\end{aligned} \quad (5\text{-}19)$$

计算得到2010年北京市单位产业总产值单位运输距离的物流费用约为8.8399×10^{-5}万元/（吨·千米）。

六、北京市各产业部门单位产值土地需求量

产业部门单位产值的土地需求量是反映产业特性的一个重要方面，其不仅能建立起产业产值与土地资源需求之间的联系，而且是反映产业经济效率和产业竞争力的一个重要因素。准确获取产业部门单位产值的土地需求量是评价产业发展特性、准确分析产业产出效应的基础。

城市土地利用类型分类标准与国民经济分类标准之间存在差异。要准

确获取各产业部门单位产值土地需求量，就必须寻找出二者之间的客观联系，到企业实地调研是准确寻找二者联系的根本方法。然而，面对整个城市的所有关注的产业部门，实地调研的工作量非常巨大。为了协调工作效率和工作准确程度，本研究基于现有的土地利用数据、企业调查数据、政府研究报告以及部分区域的实地调研数据，通过调查、回归分析相结合的方法估算出每个产业单位产值的土地需求量。

（1）对土地利用门类进行归并，确定本次产业部门划分中，每个产业部门对应的用地类型。其中 M 为工业用地，所有制造业的用地类型应划归此类；C1 为行政办公用地；C2 为商业金融用地，电信和其他信息传输服务业、计算机服务和软件业、批发和零售业、住宿和餐饮业、金融业、房地产业、租赁和商务服务业、专业技术服务业、本地服务业的用地类型应划归此类；C3 为文化娱乐用地；C4 为体育用地；C5 为医疗卫生用地；C6 为教育科研设计用地，研究与试验发展业、科技交流和推广服务业、教育业的用地类型应划归此类；C7 为文物古迹用地；C8 为其他公共设施用地；C9 为其他公共设施用地，社会保障和社会福利业的用地类型应划归此类；W 为仓储用地；U3 为邮政、电信和电话等设施用地；S3 为社会停车场库用地，交通运输及仓储和邮政业的用地类型应划归此类；U1 为供应设施用地；U2 为交通设施用地；U4 为环境卫生设施用地；E6 为村镇建设用地，其他行业的用地类型应划归此类（表 5-6）。

表 5-6 产业部门用地类型归属判别

行　业	用地类型
劳动密集型制造业	M
资本密集型制造业	M
技术密集型制造业	M
其他行业	C1+C7+C8+E6+U1+U2+U4
一般服务业	W+U3+S3、C2
生产性服务业	C2、C6
社会服务业	C2 ~ C5、C6、C9

资料来源：作者根据研究资料整理。

（2）在上述用地类型划分基础上，综合利用北京市2008年分类型土地总量、北京市经济技术开发区企业调查数据、2010年软件园的调查数据、密云区第二次全国经济普查统计报告数据等，总结出每个小产业门类的单位产值土地需求量。然后将小产业门类参考本研究的产业门类归并，结合《北京市统计年鉴2011》中的各小产业门类2010年总产值（制造业为总产值，第三产业为总收入额），以每个小产业门类总产值占他所归属的本研究产业门类总产值的比重为权重，进行加权平均，得到7个门类的土地利用效率（表5-7）。

表5-7　北京市2010年各产业部门单位产值用地量估计

产　业	单位产值用地面积（公顷/亿元）
劳动密集型制造业	0.9819
资本密集型制造业	0.1078
技术密集型制造业	0.2180
其他行业	2.1875
一般服务业	0.7658
生产性服务业	0.5736
社会服务业	1.3246

数据来源：作者根据研究资料整理。

从城市中心到城市边缘区，产业密度有显著差异，产业用地的利用效率也不同。这种土地利用效率和产业所在地的容积率有显著关系。

在城市的不同区域，随着建筑密度、建筑高度的差异，容积率差异显著。而线性规划模型自身没有土地规模报酬递增的优化功能，如果只考虑现有产业用地和产业产值之间的关系，将与现状差异较大。为了弥补模型在这方面的缺陷，本研究中增加容积率调节系数。随着不同区域的楼层、建筑密度差异，产业用地建筑面积与产业用地面积之间的比值随之而变。

本研究利用北京市2008年土地利用现状数据，计算出每个乡、镇、街道办的产业用地总建筑面积和产业用地面积之间的比值。在模型模拟运算过程中利用该比值对街道办之间同一产业单位产值产业用地需求进行校正，以期能比较客观地反映出城市不同区域的产业用地供给能力。

七、北京市人口抚养比系数

人口抚养比指总体人口中非劳动年龄人口数与劳动年龄人口数之比，通常用百分比表示，说明每 100 名劳动年龄人口大致要负担多少名非劳动年龄人口。根据劳动年龄人口的两种不同定义（15～59 岁人口或 15～64 岁人口），计算总抚养有两种方式。

为了更准确地衡量城市就业人口与被抚养人口之间的比例关系，本研究认为，人口抚养比为城市常住人口数量与同一年份该城市就业人口总量的比值。依据北京市统计年鉴数据，用北京市常住总人口数除以同一年份的北京市就业人口总量求得 2010 年北京市人口抚养比为 1.758，即 2010 年北京市平均每个就业人口需要抚养包括自己在内的 1.758 人。

八、北京市产业门类的社会纯收入率设定

社会纯收入率指在一定时期内单位产值带来的社会纯收入值，即产业总产值转化为社会纯收入的比重，比重越大说明该行业越赚钱，产业效益越好。在投入产出表核算体系中，社会纯收入被定义为产业总产值中扣除中间投入消耗、劳动者报酬消耗和固定资产折旧之后的剩余部分。

本研究中需要核算交通成本对产业空间布局的影响，而在投入产出表核算体系中，交通运输部门对各产业的中间投入已经在中间投入中被扣除。因此，本研究中的社会纯收入定义为在投入产出表核算体系的社会纯收入基础上加上交通运输部门对各产业的中间投入额。

本研究基于北京市 2010 年投入产出表，对产业门类进行合并，并利用本研究中所需的各产业社会纯收入总额除以该产业的总产值核算出各产业的社会纯收入率（表 5-8）。

表 5-8　2010 年北京市产业社会纯收入率

部　　门	产业社会纯收入率
劳动密集型产业	0.1509
资本密集型产业	0.2360
技术密集型产业	0.1267
其他行业	0.1135
一般服务业	0.3070
生产性服务业	0.2161
社会服务业	0.0441

数据来源：北京市投入产出表（2010）。

九、北京市居住用地需求系数设定

居住用地需求系数用来反映研究对象城市的居住人口总量和居住用地之间的供需关系。通常人均居住面积指的是人均所需要的居住建筑面积。本研究结合 2008 年北京市土地利用现状数据和北京市当年总人口数量，核算出北京市 2008 年的人均居住面积为 16.5 m^2/人。

从城市中心到城市边缘区，人口密度有显著差异，居住用地的利用效率也不同。通常衡量居住建筑面积和居住用地面积之间关系的参数为容积率。

容积率是指城市用地的地块上允许修建的总建筑面积与地块面积的比值，一般以正值的常数来表示（邹德慈，1994）。在城市的不同区域，随着建筑密度、高度的差异，容积率差异显著。而线性规划模型自身没有土地规模报酬递增的优化功能，如果只考虑现有居住用地和居住人口之间的关系，将与现状差异较大。为了弥补模型在这方面的缺陷，本研究中增加容积率调节系数。调节系数随着不同区域的楼层、建筑密度差异，居住用地建筑面积与居住用地面积之间的比值而改变。

本研究利用北京市 2008 年土地利用现状数据，计算出每个乡、镇、街道办的居住用地总建筑面积和居住用地面积之间的比值。在模型模拟运算过程中利用该比值将居住人口所需的居住用地总建设面积转换为居住用地需求面积，以期能比较客观地反映出城市不同区域的居住用地供给能力（图 5-4）。

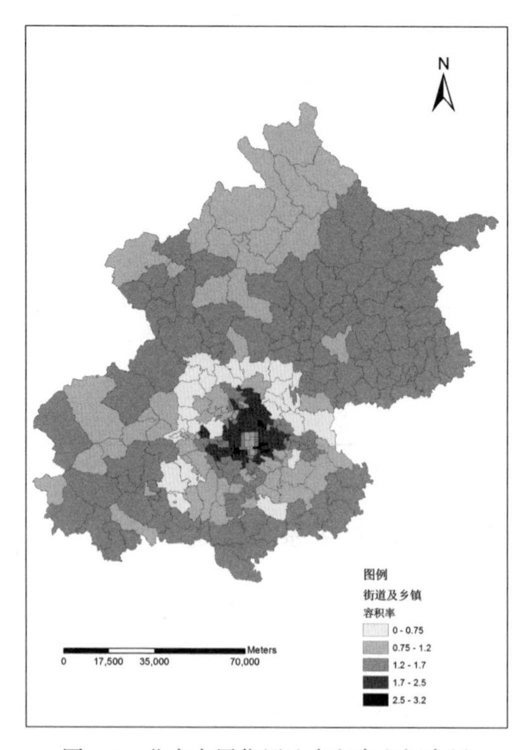

图 5-4 北京市居住用地容积率空间布局

数据来源：北京市 2008 年土地利用现状数据

十、北京市商业吸引力系数设定

商业活动是人口生产生活的重要组成部分，一般来说，某区域人口规模越大，商业活动的规模也就越大。但是随着区域之间交通便捷性的增加，人们购物活动的选择范围也在不断扩大，商业发达的区域可以吸引比该区域总人口数量更多的人前去购物，这种进行购物活动的人口可称为商业人口。在全社会范围内，商业人口的数量和总人口的数量一致，但就某个地区而言，由于区域之间商业发达水平的差异，二者是不相等的。特定区域内的商业人口数量和本地总人口数量的关系也可以反映该区域的商业发达水平，如果该地区的商业人口数量高于本地区的总人口数量，说明该地区商业活动比较发达；反之，说明该地区的商业活动不够发达。

学者们用商业发达指数测度特定区域内的商业发达相对程度（邹伟东

等，1991），计算公式如下：

$$\text{商业发达指数}=\frac{\text{某地区的商业人口}}{\text{该地区的总人口}} \quad (5\text{-}20)$$

式中的商业人口可以用研究范围内的商业零售总额和人口统计资料进行推算：

$$\text{某地区的商业人口}=\frac{\text{某地区商品零售总额}}{\text{全国或该地区所在行政大区的人均商品零售额}} \quad (5\text{-}21)$$

商业发达指数可以反映每个地区的相对商业发达水平，地区之间的人均消费品支出水平会对该地区的商业发达情况产生影响，如省域内的不同城市消费水平也有差异，全省范围内的人均消费水平核算商业人口会掩盖小区域之间的差异。为了消除小区域人均消费水平差异因素带来的影响，可以在商业发达指数基础上核算出商业吸引力指数。计算公式为：

$$\text{商业吸引力指数}=\frac{\text{商业发达指数}}{\text{居民消费水平影响指数}} \quad (5\text{-}22)$$

其中，

$$\text{居民消费水平影响指数}=\frac{\text{全国或该地区所在行政大区居民消费水平}}{\text{该地区居民消费水平}} \quad (5\text{-}23)$$

上述指数核算的研究对象以省域、全国等大范围为主，可以反映较大区域之间的相对差异。在较小的特定城市市域范围内，由于交通可达性的不同，区域之间的商业规模差异显著。不论是区县还是街道办，利用上述计算公式均可计算出研究基本单元的商业发达指数。同时，为了研究方便，在模型中假设城市市域范围内所有地区的居民消费水平相同，即所有研究区域的居民消费水平影响指数均相同。基于上述假设，城市市域范围内的特定区县或者乡、镇、街道办的商业吸引力指数可以用商业发达指数代替。

十一、北京市居住魅力系数设定

就业人口在居住地选择过程中会受到居住地的位置、交通便捷程度、住宅价格、环境质量、文化氛围、邻里关系等方面的影响。调查表明，影响居民居住区位选择的因素中，交通便捷程度、居住地的位置、住宅价格是最为重要的三个因素，认为这三个要素重要的人数均占被调查居民的60%以上，其中交通便捷程度最高，达到 77.13%；另外，周边环境、基础配套设施、物业管理等也是左右居民居住区位选择的重要因素，认为这三个要素重要的居民人数占被调查居民总数的比例均超出了 45%（张文忠等，2003）。因此，与其他影响因素相比，交通便捷程度对就业人口选择居住地的影响相对较大。

居住用地供给是居住功能空间分布的基本条件，单纯依赖交通成本的重力模型分配的模拟结果始终是就业人口的居住地选择以就业地为中心向周边地区逐步递减的同心圆模型。这种模型反映了一定的城市就业人口居住地的空间分布格局，但与城市的居住用地规模和居住人口空间分布格局现状相差较远，因为居住用地分布格局是由多种因素综合作用的结果。

由于城市土地资源有限，城市居住用地的空间布局是产业用地竞争和就业人口职住通勤可达性需求之间相互平衡的结果。而居住用地的空间布局是居住地选择的基础条件，特定区域内能够提供的最大居住用地规模是制约就业人口进行居住地选择的重要条件。居住用地供给量的多少直接决定着就业人口在特定区域内选择居住地概率的大小。居住用地供给越充足，居住地的可选择性就强，反之较弱。

不同区域的容积率不同，导致单位用地提供的居住面积有所区别，因此，居住用地建筑面积供给能更准确地反映出居住用地供给水平。在模型运算中，居住用地需求系数采用全市平均值，而居住用地供给也将忽略个体居住面积差异，采取平均水平。

虽然居住用地布局现状不一定都是完全自由竞争而来，但是现状分布结构是未来功能竞争参与的重要基础。本研究采用北京市 2008 年的可供居住面积数据，首先计算 307 个乡、镇、街道办居住建筑面积的平均值，然后计算出所有乡、镇、街道办已有居住建筑面积与平均值的比值。比值越大，说明高出平均水平越多，居住用地选择机会越多，居住吸引力就越大；反之，比值越小，说明低于平均水平越多，居住用地选择机会越少，居住吸引力就越小。

居住魅力系数的设置有利于改变重力模型的居住人口分配规则，使更多的就业人口居住地指向居住用地面积较大的区域。这种空间指向能够提高居住用地的可利用率，提高模型模拟运算的精度。

十二、北京市中间投入需求指数、最终需求品供给指数设定

依托投入产出表的中间投入系数，由各产业的总产值可以核算出该产业生产过程中所需要的其他各产业给其提供的中间产品总额，也可以核算出每个产业给其他所有产业提供的中间投入产品总量。在实际城市经济系统中，各种产业的空间布局特征决定着该产业所需的中间投入产品来自哪里，也决定着中间投入产品的消耗去向。

在支出法国民经济核算过程中，扣除中间投入消耗和本地消费之后的部分为净出口，当净出口为正时即为最终净输出，反之为最终净输入。

在中间投入部分的运输成本核算中，各部门的总产值既是中间投入活动的起点，也是中间投入活动的终点，区域之间用于中间投入产品的流量跟两地之间的产业部门总产值呈正相关，而与两地之间的距离呈负相关。

在线性 Lowry 模型中，函数自变量作为中间投入产品提供者，每个产业部门给其他产业部门的中间投入的空间布局特征显著受到每个区域中间产品需求产业部门产值总量的影响。为了凸显这种影响，本研究以北京市 2010 年企业调查数据为基础，假设作为中间投入产品需求对象的各产业部门空间布局与 2010 年现状一致。在 2010 年产业总量现状的基础上分别核算出各产业的中间投入需求指数。具体计算过程如下：首先计算出每个产业在每个街道办总产值的平均值，然后用各街道办各产业的 2010 年现状产值和该产业的平均总产值的比值作为该产业在各街道办的中间投入需求指数。比值越大，说明高出平均水平越多，中间投入需求就越大；反之，比值越小，说明低出平均水平越多，中间投入需求就越小。

与中间投入需求指数相似，在最终产业运输成本核算过程中，本地消费额作为自变量，其消费品来源的空间布局与各街道办各产业产值呈显著

的正相关关系，与产地和消费地之间的距离呈负相关关系。同样受线性函数的制约，假设各消费品来源地的规模分布特征与北京市2010年各产业部门的规模空间分布特征一致，并在此基础上，核算出最终需求品供给指数。由于核算数据均来源于北京市2010年各街道办各产业的总产值，其大小与中间投入需求指数一致，即上述方法核算的指数既是中间投入需求指数，也是最终需求品供给指数。

本章小结

已有的线性Lowry模型框架在模型结构和功能上存在自身缺陷，非线性Lowry模型框架在功能上进行了改进，同时带来的是呈几何增长的运算需求量，模型求解效率受到严重制约。

本章在上述两个模型框架研究的基础上取长补短，保留线性的模型运算框架，保证模型运算效率；同时在模型功能上将非线性模型的部分变量参数化，结合模型模拟研究对象的现状特征，保留非线性模型框架中能够表达的分析功能。在上述综合因素的考虑下，构建了适合本次实证研究的模型框架，并根据已有的基础数据库对模型运算过程中所需的参数进行设定，完善模型所需参数的获取和设定流程。

（1）在模型框架构建方面，以杜能区位论为理论基础，以区域地租总额最大化为目标函数；以基本Lowry模型框架为基础，构建经济总量与资源条件之间的关系桥梁，并以资源条件约束作为模型约束条件；以线性规划模型为载体贯穿模型框架设计全程；以非线性模型的功能特征为依托，以变量参数化为途径，通过设定参数完善模型分析功能。在模型的模拟能力和运算效率两方面进行改进，提升模型的实际应用能力。模型框架的调整实践形成了针对研究对象特征构建对应模型框架的技术流程，扩展了Lowry系列模型的应用灵活性，为需求式模型框架构建奠定良好的理论和实践基础。

（2）以北京市投入产出表（2010）、北京市企业调查数据（2010）、北京市 2008 年土地利用现状数据、2004 年北京市道路网络规划等基础数据为支撑，以模型框架的经济社会意义为基础，深入分析了模型框架中每个参数的经济社会含义、现实意义，研究了模型参数获取的技术可行性，对模型所需参数进行设定，形成模型模拟运算的参数体系。参数的设定过程不仅满足了本研究的运算需求，而且形成了 Lowry 模型框架参数设定的技术路线，为模型框架的实践应用奠定了良好的模拟实现基础。

第六章　基于 Lowry 模型的城市空间结构模拟分析

Lowry 模型的基本分析框架认为城市经济系统运行的开端是基本部门产值和空间布局特征，基本部门对城市空间结构特征起决定性作用。在北京市的数次城市规划中，均提出分散集团模式构想，但是最终均演变为“摊大饼”式的空间扩展现实。梁进社（2005）结合 Lowry 模型的基本分析框架和该模型的发展对北京市城市空间结构演变的内在动力做了详细分析，从模型理论角度对北京市城市空间结构演变特征进行了解释，认为北京市首都功能的中心市区性和近郊性，以及第三产业的发展是北京市“摊大饼”式城市空间扩展的重要驱动力。此外，一些服务业和制造业存在空间依存关系，制造业内部的部分产业空间集群。这种服务业的空间布局以及和制造业之间的产业关联及空间关联形成的链式反应促使北京市城市空间结构呈现“摊大饼”式分布格局。

本研究的 Lowry 模型框架在理论构建上包含了分析产业之间经济联系的投入产出模型、分析城市产业空间布局的重力模型和出行成本函数。本章首先利用模型理论框架，筛选出北京市的基本部门，并分析其城市空间布局特征；然后基于基本部门的确定和北京市资源环境条件进行情景假设，在目标函数最大化基础上模拟北京市的产业、居住和服务空间布局，检验模型框架对城市空间布局现状的解释能力。

第一节　北京市的基本部门特征分析

一、基本部门识别

在完整的城市体系中，产业→就业→居住是其正常运行的基础逻辑。根据 Lowry 模型的基本框架，城市产业可以被划分为基本部门和非基本部门，其划分的依据为服务对象的不同，认为基本部门是指给城市以外地区服务的产业部门，而非基本部门是指给本地居民提供服务的产业部门。基本部门的发展是城市经济体系运行的基础，它的空间布局决定着城市就业人口的空间布局，进而决定着城市人口的居住分布格局，最终形成与基本部门空间布局相适应的城市空间结构。现代城市经济系统中的每一个经济部门都可能既为外地服务又同时为本地服务，但是两者的构成状况可能很不相同。在操作过程中一般借助投入产出表的总出口（包括出口和调出）和总进口（包括进口和调入）的差额进行判断，在研究区域内，将总出口量大于总进口量的经济部门叫作基本部门，而总出口量小于总进口量的经济部门叫作非基本部门。

本研究对北京市 2010 年投入产出表进行归并，在归并后的投入产出表中计算出 7 个产业各自的净输出。运算结果表明：北京市的生产性服务业和一般服务业的净输出为正，为基本部门；社会服务业、所有制造业及其他行业的净输出均为负，为非基本部门（表 6-1）。

表 6-1　2010 年北京市各部门最终输出

产业部门	净输出（亿元）
劳动密集型制造业	–1436.38
资本密集型制造业	–1507.85
技术密集型制造业	–541.35
其他行业	–910.16
一般服务业	117.83
生产性服务业	4742.40
社会服务业	–355.76

数据来源：北京市投入产出表（2010）。

在这些部门中，生产性服务业的净输出在总量上最大，而且净输出占其总产值的比重也最大，高达 23%，对区外的服务能力最强。一般服务业的净输出占其总产值比重的 2%，接近产销平衡。非基本部门中劳动密集型制造业和资本密集型制造业的净输入占其总产值比重最大，分别高达 68%和 69%，对区外进口依赖性最强。

二、生产性服务业在北京市经济体系中的地位分析

在城市产业结构方面，北京市的生产性服务业是本市第三产业的主要构成部分。2010 年，北京市的第三产业创造了 75.1%的 GDP，容纳了 74%的就业人口，已经成为北京市经济的主体。生产性服务业也是北京市第三产业的主要构成部分，容纳了北京市 45%左右的就业人口（图 6-1），其就业人口占北京市 2010 年第三产业就业人口总量的 61%左右。

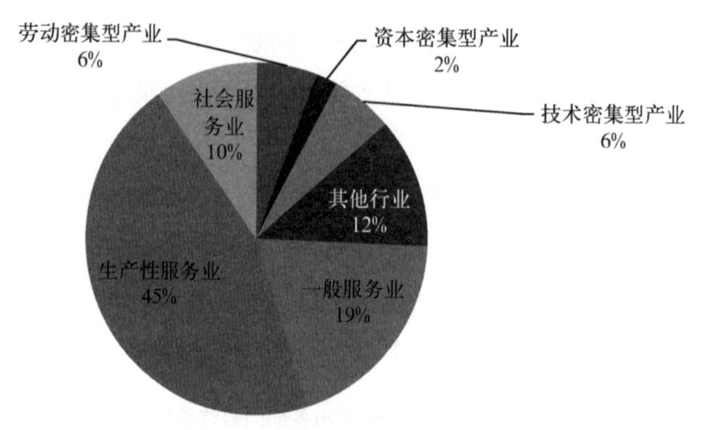

图 6-1　2010 年北京市各产业就业人口占总就业人口比重

数据来源：北京市统计年鉴（2011）。

在经济对外辐射力度方面，生产性服务业是北京市服务业的对外辐射主体构成部分。2010 年，北京市第三产业在全国的区位商高达 1.74。张耘分别计算了 2005 年、2006 年和 2007 年北京市生产性服务业的区位商，结果表明，北京市第三产业的对外辐射能力主要是由生产性服务业提供的（张耘等，2010）。

三、北京市基本部门的空间布局特征分析

如第四章分析所示，2010 年的北京市生产性服务业空间布局呈现“三足鼎立”、连接成带的空间分布格局。三个主体分别是以国贸为核心的北京中心商务区（CBD），以中关村为主体的信息传输、计算机服务和软件业服务的信息科技创新区及以金融街为主体的金融中心区（图 6-2）。三者在空间布局上以各自为区域核心向外扩展，形成生产性服务业产业发展带（顾朝林等，2011）。

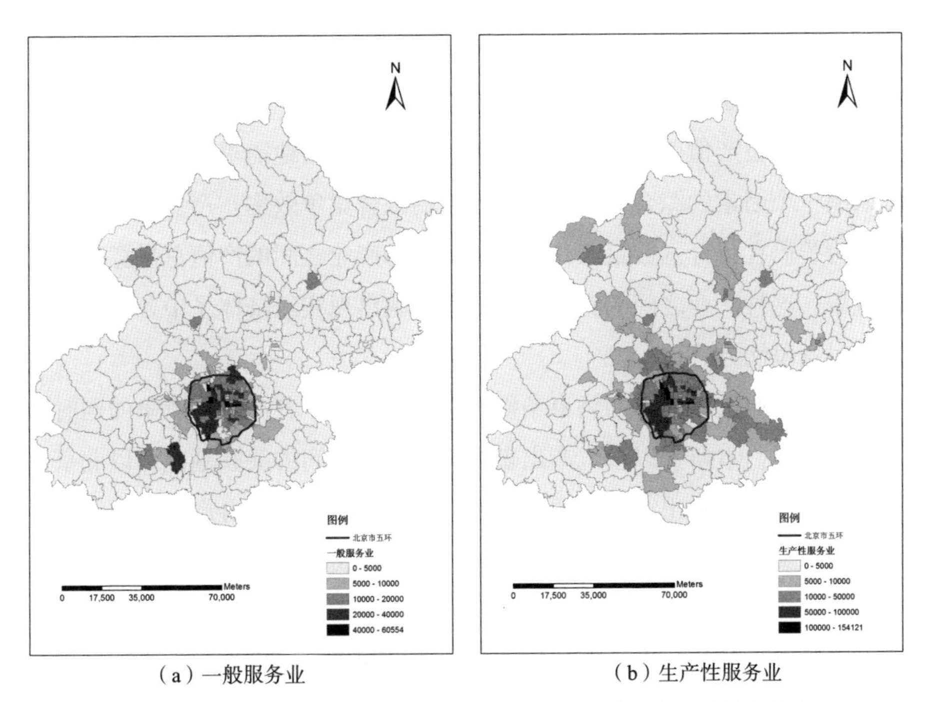

（a）一般服务业　　（b）生产性服务业

图 6-2　2010 年北京市一般服务业和生产性服务业就业人口总量空间布局

数据来源：2010 年北京市企业调查数据。

一般服务业在空间布局上与生产性服务业具有较高的相似性，也呈现出以中关村、商务中心区和金融街为中心由内向外扩展的特点。

第二节 模拟情景设置分析

一、本研究中模型框架的运行机制

（1）以扣除交通运输成本之后的社会纯收入总额为目标函数。本研究中的模型框架是个线性规划模型，其目标函数借助杜能区位论要求城市社会纯收益总量最大化，即扣除就业通勤成本、购物通勤成本、中间产品运输成本及最终产品运输成本之后的社会纯收入最大化。

（2）目标函数取得最优解时的产业规模以及产业规模的空间布局特征是产业之间相互竞争的结果。本模型框架以各产业门类的总产值为自变量，各产业的单位产值劳动力需求量、单位产值产业用地需求量和产业社会纯收入率三个因素的综合作用反映该产业的综合竞争效率。产业部门以综合效率为筹码在目标函数最大化的要求下参与产业之间的产值总量竞争和空间竞争。这种产业之间的竞争关系能够反映出现实经济体系中各产业门类的相对竞争优势。

（3）产业最终输出的约束条件促进模型框架中各产业在竞争的同时加强相互联系。本研究以投入产出表为产业部门之间的关联基础，以北京市各产业的最终净输出结构为约束条件，使经济系统中的各产业在相互竞争的过程中又存在相互依存关系。通过对各产业部门的最终净输出特征控制，可以限定该产业的主要服务功能。比如，在基于现状的基本部门识别过程中获取的基本部门，在模型运算中可以要求其最终输出为正，而在基本部门识别过程中获取的非基本部门，可以要求其最终输出为负。这种设定有效地保证了在竞争过程中产业部门的基本属性特征。

（4）以用地资源总量为约束条件，约束产业发展的总体规模。土地资源的稀缺性促使城市各种功能之间必须以其自身功能特性参与用地竞争。这种竞争关系可以提高城市土地利用效率，提高城市经济系统的综合效率。本模型中给出每个基本分析单元的产业用地和居住用地总量，以城市整体经济效率最大化为目标函数展开用地竞争。在土地约束过程中若要反映产业用地与居住用地之间的竞争关系，可以仅约束二者的总量，让二者的最终份额由模型竞争结果确定；也可以基于现状或者未来规划方案，分别约束产业用地总额和居住用地总额。两种方案可以进行比较，分析土地利用现状或者未来规划给予的科学性。

二、本研究中模型框架的主要情景控制因素设置构想

（1）基于扣除交通运输成本之后的社会纯收入总额最大化的目标函数设置。依据本研究模型的结构特征，在一定约束条件下，不同产业部门之间的竞争筹码为其综合经济效率，目标函数为扣除交通运输成本之后的社会纯收入总额最大化。在目标函数中，单纯追求社会纯收入总额最大化在综合效应方面并不一定是最优的，因为其仅是产业门类之间选择优化的结果，没有空间优化。本模型在目标函数中增加工作通勤成本、购物通勤成本、中间投入产品运输成本和最终产品运输成本核算，试图通过出行总成本及总物流成本对产业的空间布局选择进行约束，以期实现产业布局的最优化。

（2）基于产业关联性分析的约束条件设置。投入产出表中的中间投入系数是研究对象区域内各部门之间相互关联水平的反映，是区域经济系统中产业部门之间相互竞争和相互依赖达到均衡状态时的运行结果。根据投入产出分析中的各产业部门自身特性，确定模型最终输出的平衡参数，充分展示模型就产业间联系的分析功能。在对北京市的产业特征分析中，生产性服务业和一般服务业在投入产出表中的最终输出为正，其他产业部门均为负，因此，在模型的产业部门最终输出特性中要求生产性服务业和一般服务业保持绝对出口。

（3）基于北京市产业发展现状的产业发展规模约束条件设置。北京市各产业空间布局现状是产业门类之间相互联系、相互竞争，经济、社会和资源环境约束综合作用的结果。这种空间分布格局不一定是最优的，但是它所表现出来的特征是各种影响因素相互制衡之后产生的。在相互制衡过程中具体哪些力量比较强大，这种复杂性很难从经济统计数据中直接找到

答案。数学模型以其严密的逻辑一致性促使其在分析复杂系统领域具有内在优势。然而，任何模型的运行都需要给定的前提条件，城市分析模型也不例外。在本模型分析过程中，首先以北京市产业发展现状为基础，对模型运算中的产业发展进行空间引导，设定模型运算过程中所有产业的总产值均不高于该产业 2010 年的总产值水平。其次观察在直接空间约束条件下各产业发展的空间布局特征，分析其与现状的空间差异性，根据差异性分析结果寻找产生这种差异性的可能根源，并在此基础上，按情景分析法分析各模型参数对城市产业、就业空间布局产生的影响。

（4）基于北京市土地利用现状的产业发展用地规模约束条件设置。城市的土地利用格局是土地利用类型之间相互竞争的结果（于伯华，2006a，2006b）。本模型根据土地功能从 2008 年北京市土地利用结构现状数据中提取出产业用地和居住用地。在模型模拟运算中，可以分别基于两种模式构建城市土地利用类型约束：①以只限定土地供给总量为前提的居住用地与产业用地直接相互竞争型；②以分别限定产业用地和居住用地的供给规模为前提的产业用地与居住用地间接相互竞争型。

第三节　基于北京市产业发展空间布局现状的模拟分析

本部分以北京市 2010 年经济效率水平为参数设定依据，以北京市 2010 年产业发展现状为约束，观察模型模拟结果与北京市发展格局现状的拟合程度，为模型参数影响分析奠定基础。

一、情景参数设置

土地约束：所有乡、镇、街道办的产业、居住用地土地需求总量均不大于北京市 2008 年 307 个乡、镇、街道办的产业用地和居住用地的总量。其中产业用地和居住用地相互竞争。

产业产值：所有乡、镇、街道办的产业产值总量均不超过 2010 年发展现状。

居住魅力：以 2008 年居住建筑面积规模为导向的居住魅力设置。

最终输出：结合北京市 2010 年投入产出表最终输出结构，要求生产性服务业最终输出必须为正，即在满足本地其他产业中间消费和居民最终消费之后必须保持出口，而且不设定发展上限，以充分体现北京市生产性服务业的产业职能。

一般服务业的最终输出也必须为正，即必须保持出口，但依据该行业在 2010 年北京市投入产出表中的净输出数量，该行业的净出口量占其总产出的比重比较小，因此对其出口额度上限进行设定。规定其最终输出上限设定为 2010 年的净输出额 118 亿元，即在满足本地其他产业中间消费和居民最终消费之后最多可以出口 118 亿元。

剩余的产业部门产值均小于北京市的最终使用需求量，而且各产业部门的净输入额度差异比较显著。北京市 2010 年投入产出表中的劳动密集型制造业和资本密集型制造业的净输入总额非常大，分别高达 1436 亿元和 1508 亿元。

由于土地资源的有限性约束和重力模型空间分配的固定性引起土地资源利用的不充分，设定所有产业部门的最终净输出总额均不超过 2010 年现状（表 6-1）时，模型无最优解。为了协调模型的可操作性和研究区域内各产业最终输出格局特征的凸显，在净输出上限设定方面保持各产业的最终输出格局如下：劳动密集型制造业和资本密集型制造业的净进口总额不少于 1000 亿元，技术密集型制造业的净进口额不少于 541 亿元，其他行业的净进口总额不少于 910 亿元，社会服务业的净进口总额不少于 355 亿元。

二、模拟结果分析

（1）产业总产值及产业结构特征分析。

在本情景设置中，产业的综合效率与产业自身的用地效率、产业单位产值的劳动力需求量及产业社会纯收入率系数均相关。在产业用地和居住用地相互竞争模式下，产业综合竞争力与其用地效率、产业社会纯收入率系数呈正相关关系，而与产业单位产值劳动力需求量呈负相关关系。在模型模拟运算中，产业的综合效率是产业参与产业之间相互竞争的筹码，模拟结果中的产业总产值特征及产业结构特征可以在一定程度上反映出产业的竞争力。

在模型模拟运算过程中，产业的综合竞争力和 2010 年北京市投入产出表中各产业最终输出上限设定将共同决定各产业部门的发展规模及产业结构特征。

① 在总产值方面，模型模拟结果与现状约束差距较小，而各产业模拟值与现状差距水平差异显著。

在 2010 年企业调查数据中，7 个产业部门的总产值约为 45 736 亿元，模型模拟结果中的 7 个产业部门总产值约为 40 096 亿元，为实际总产值的 87.67%。借助现有的各产业增加值系数进行核算，在 2010 年企业调查数据中，7 个产业部门的增加值约为 14 135 亿元，模型模拟结果中的 7 个产业部门总产值约为 12 638 亿元，为实际总产值的 89.41%，比重上升了 1.74 个百分点。

在模型模拟运算结果中，与产业部门总产值相比，产业部门的增加值与现状的差距缩小了 1.74 个百分点。说明在产业综合竞争力和产业最终输出的共同引导下，模型模拟运算中效率较高的产业部门在产业结构中的比重在上升，充分体现出了高效率的产业具有较强的竞争力。

在所有产业发展的上限均为其 2010 年在各街道办的总产值现状（2010 年企业调查数据）的限定下，在模型目标函数引导下，将 7 个产业部门的发展规模与现状实际规模相比，差异比较显著。从各部门模拟总产值与 2010 年企业数据对应总产值的绝对差额来看，所有部门的模拟值均低于现状值。与现状差异最小的是劳动密集型制造业，模拟值仅比现状值少 34.19 亿元；其次是资本密集型制造业，比现状值少 256.77 亿元。与现状差异最大的是其他行业，模拟值与现状值差额高达 2266.86 亿元；其次是技术密集型制造业，比现状值少 1302.85 亿元。在各产业部门的发展规模上限的约束下，各产业部门总产值的模拟值占现状对应值的相似程度也呈现显著的差异化特征。模拟值占现状对应值的比重最高的两个产业部门分别是劳动密集型制造业和生产性服务业，其模拟值分别占现状对应值的98.16%和97.32%；模拟值占现状对应值比重最低的两个产业部门分别是其他行业和社会服务业，其模拟值分别占现状对应值的66.29%和74.96%。

各产业部门的最终输出模拟结果与模型约束条件很好地呈现出了产业部门之间综合竞争力的差异性。在7个产业部门中，资本密集型制造业、技术密集型制造业以及一般服务业的最终输出均达到模型约束上限，该约束条件对这三个部门的发展起到了显著的约束作用，也表明这些部门的综合经济效率较高。劳动密集型制造业、其他行业、社会服务业的最终输出均未达到约束上限，其他行业的净进口额与约束上限的差额高达895.26亿元。说明在目标函数的驱动以及本地中间投入需求和本地最终需求的共同作用下，由于这些部门的综合经济效率较低，其净进口需求量较大，要远远高于模型约束值。生产性服务业的最终输出上限最宽松，得到充分发展（表6-2）。

表6-2　各产业最终输出模拟结果

	劳动密集型制造业	资本密集型制造业	技术密集型制造业	其他行业	一般服务业	生产性服务业	社会服务业
最终输出上限（亿元）	−1000	−1000	−541	−910	118	10 000	−355
最终输出模拟值（亿元）	−1124.24	−1000	−541	−1805.26	118	6000.65	−436.54

数据来源：作者根据实验结果自绘。

② 在产业结构方面，各产业在产业体系中的地位波动明显。相对于企业调查数据中的2010年各产业实际增加值比重，服务业比重显著上升，制造业比重明显下降。

在服务业中，与企业调查数据中的2010年各产业增加值占GDP的比重相比，身为基本部门的生产性服务业增加值占GDP比重提高到56.70%，比2010年现状提高了4.61个百分点。在对一般服务业最终输出额度限定的前提下，一般服务业的增加值比重从2010年的17.08%下降到16.40%，比

2010年现状值降低了0.68个百分点。社会服务业增加值比重从2010年的5.99%下降到5.02%，比2010年现状值降低了0.97个百分点。

这种现象表明，在模型的本情景模拟框架中，生产性服务业在其自身较高的产业竞争力和拥有较高的发展空间的前提下，其产业竞争优势显著高于其他产业，基本体现出了生产性服务业在北京市产业体系中的控制地位。一般服务业的最终输出达到模型约束上限，并受此影响，增加值占GDP比重略有下降。综合效率较低的社会服务业最终输出模拟值远低于约束上限，其产业规模影响主要来自其他产业部门的竞争挤压，增加值占GDP比重下降（表6-3）。

表6-3　产业总产值及产业结构特征

产业部门	2010年各产业总产值（亿元）（企业调查数据）	2010各产业增加值比重（企业调查数据）	模型模拟各产业总产值（亿元）	模型模拟各产业增加值比重
劳动密集型制造业	1864.32	3.00%	1830.12	3.29%
资本密集型制造业	2314.40	3.59%	2057.63	3.57%
技术密集型制造业	7068.58	8.66%	5765.73	7.90%
其他行业	6725.06	9.61%	4458.20	7.12%
一般服务业	5235.98	17.08%	4495.55	16.40%
生产性服务业	20 580.07	52.09%	20029.21	56.70%
社会服务业	1947.96	5.99%	1460.14	5.02%

数据来源：2010年北京市企业调查数据、作者根据实验结果自绘。

在制造业中，与企业调查数据中的2010年各产业增加值占GDP比重相比，模型模拟运算的比重较2010年发展现状显著下降。技术密集型制造业增加值占GDP比重从2010年现状的8.66%下降为7.90%，下降了0.76个百分点。资本密集型制造业增加值占GDP比重从2010年现状的3.59%下降为3.57%，下降了0.02个百分点。劳动密集型制造业增加值占GDP比重从2010年现状的3.00%上升为3.29%，上升了0.29个百分点。

这种比重关系的变化明确地反映出了制造业相对于服务业在模型最优化过程中的综合竞争力强弱关系。由于约束条件中制造业的发展空间相对较小，其中产业效率较高的技术密集型制造业和资本密集型制造业的最终输出总额达到约束上限，而产业效率相对较低的劳动密集型产业也得到了一定的发展，但其最终输出总额与模型约束上限还有距离。

总之，模型模拟结果可以显示出如下特征：第一，产业的综合竞争力是产业能否得到充分发展的先决条件，综合效率高的产业有更高的机会使其总产值能够达到约束条件上限；第二，生产性服务业在其产业综合效率和拥有较多发展空间的共同作用下在产业体系中占据主体地位，该产业在现实经济体系中的地位特征在模型中得到体现；第三，一般服务业在出口上限受到约束之后，产业总产值规模较现状有显著降低，说明模型中的产业中间消耗水平和最终消费水平均低于现状；第四，在现状经济结构条件和资源约束条件下，模型模拟的经济总量较现实发展水平显著降低，其原因有待进一步分析。

（2）就业人口总量及空间布局分析。

① 就业人口规模对比分析。

模型模拟结果表明，在就业人口总规模方面，产业综合效率在模型产业之间竞争中的作用机制得到体现。

从产业规模分析可知，模型模拟结果中的产业总产值为实际经济规模的 87.67%左右，产业增加值为实际增加值的 89.41%。产业规模决定了就业规模，因此，模型模拟的就业人口也低于 2010 年就业总人口。模型模拟的北京市总就业人口为 910.79 万人，为 2010 年实际就业人口 1032.4 万人的 88.22%。

从产业增加值的比重来看，模型模拟结果中单位增加值需要的就业人口要低于现状水平，其主要原因是生产性服务业在产业体系中的比重提升。从这个角度也可以反映出最优化目标导向的模型模拟过程中，产业结构得到调整，而且调整方向朝着经济效率较高的产业部门倾斜，也说明了产业综合效率在模型产业之间竞争中的作用机制。

② 就业人口空间布局总体分析。

在就业人口空间布局方面，空间布局的宏观相似性和微观差异性并存，北京市的中心指向性就业空间分布格局得到了较好的体现。

2010 年北京企业调查数据表明，就业人口最多的街道办为海淀街道办，为 24 万人。就业人口高于 20 万人的街道办仅有 3 个，分别为海淀街道办、建外街道办和北下关街道办。就业人口高于 10 万人的街道办共有 24 个，分别以金融街、CBD 和中关村为核心向周围扩散，而且从中关村到金融街已形成一个自北向南的就业带。与其他 3 个就业中心相比，以东北三环为起点向外延伸的奥林匹克中心区的街道办的就业人口总量较低，就业中心性有所体现，但还不够突出［图 6-3（a）］。

模型模拟结果中就业人口最高的就业中心为金融街街道办，高达 29.79 万人，而 2010 年金融街街道办实际就业人口为 16.75 万人，两者相差 13 万多人。就业人口在 10 万人以上的街道办共有 28 个，金融街、CBD 和中关村 3 个核心依然显著，同时以东北三环为起点向外延伸的奥林匹克中心区作为新的就业中心也形成规模，成为北京市就业集聚区的第四极。在全局上以这 4 个就业中心向外逐步扩展的空间分布格局得到基本呈现［图 6-3（b）］。

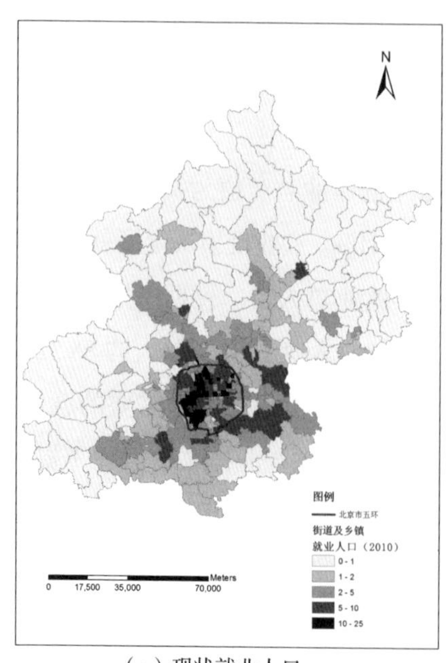

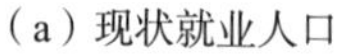

（a）现状就业人口

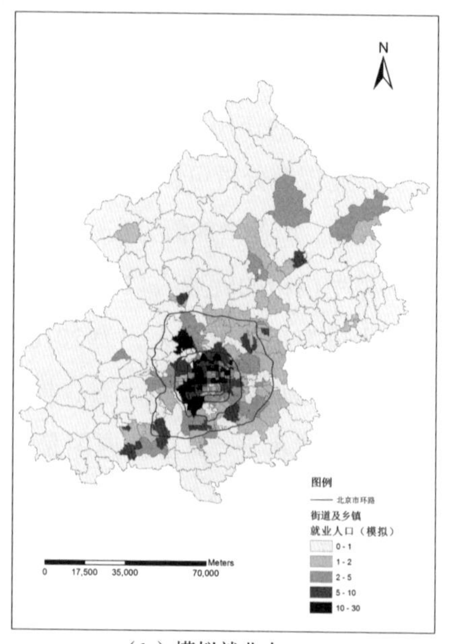

（b）模拟就业人口

图 6-3 2010 年北京市现状就业人口和模拟就业人口总量的空间布局

数据来源：2010 年北京市企业调查数据、作者根据实验结果自绘。

从整体上来看，模型模拟结果中的就业人口空间分布与现状相比，在空间分布格局上具有较高的空间相似性，金融街、CBD 和中关村 3 个就业中心得到突出显示的同时，东北三环为起点向外延伸的奥林匹克中心区的显著性得到增强。此外，模型模拟结果中的就业人口在空间布局上从市中心向外围逐步递减的趋势与现状相同，但递减速度较快，五环以外的就业人口比重显著下降。

③ 基于拟合度的就业人口空间布局空间一致性分析。

由于模型模拟结果在总量上与现状差异较大，要检验模型模拟结果中的空间布局特征与现状空间布局的一致性，需要观察就业空间布局与现状之间的相似性，相似性越高，说明模型在这方面的模拟效果就越好。

结合模型模拟结果中的就业人口总量和 2010 年北京市就业总人口，可以通过观测模型模拟的就业人口与现状就业人口之间的比例关系在空间布局上的一致性来验证两者的相似性。比例取值波动越小，相似性就越强。

为了对比分析模型模拟结果与现实状况之间的差异性，本研究构建了一个简单的对比分析参数，命名为拟合度。拟合度的具体计算公式如下：

$$P=(x_i'-x_i)/x_i \tag{6-1}$$

其中 P 为拟合度，在本研究中设定所有变量均为非负，所以 P 的取值范围为 $P\geq-1$；x_i' 为模型框架中第 i 项结果的模拟值；x_i 为第 i 项结果的现状值；当 $-1<P<0$ 时，说明模型模拟值小于现状值，当 $P>0$ 时，说明模型模拟值大于现状值，当 $P=0$ 时，说明模型模拟值等于现状值。总之，在模拟值和实际值的绝对差异方面，P 的绝对值越接近零，则说明模拟值和实际值的一致性越高，P 的绝对值越大，则说明模拟值和实际值的差距越大。此外，在模拟值的空间布局特征与现状空间布局特征相似性方面，P 的值波动越小，说明模拟结果的空间布局特征与实际空间布局特征相似性越高，反之越低。

就业总人口的拟合度空间分布特征表明，从中心到外围，就业人口的拟合程度在逐步降低。笔者将拟合度划分为 5 个等级，小于−0.5、−0.5 ~ −0.2、−0.2 ~ 0.2、0.2 ~ 1、大于 1。如前所述，拟合度的绝对值越接近零，说明模型模拟值与实际值差异越小，反之越大。在这 5 个等级中，当拟合度在–0.2～0.2 范围内时，模拟值在实际值的 80%～120%之间浮动，认为拟合程度良好；当拟合度在–0.5～–0.2 和 0.2～1 时，模拟值分别在实际值的 50%～80%和 120%～200%之间浮动，认为拟合程度较好；当拟合度在小于–0.5 和大于 1 范围时，表示模拟值分别小于实际值的 50%或者大于实际值的 2 倍，认为拟合程度较差。

在模拟运算中，拟合程度良好的街道办有 56 个，而 70%左右的街道办位于五环内。拟合程度较好的街道办有 100 个，在空间布局上紧紧围绕拟合程度良好的街道办周围，从中心向外围分布，超过 80%的街道办位于六环以内。其中，拟合度在 0.2～1 范围内的乡、镇、街道办比拟合度在–0.5～–0.2 范围内的街道办具有更强的向心性，位于五环内的街道办数目比重仅次于拟合度良好的街道办。在六环以外的地区，除了各区（县）的中心城区，其他地方的拟合程度均比较差，而且以模拟值低于实际值的 50%的区域为主（图 6-4）。

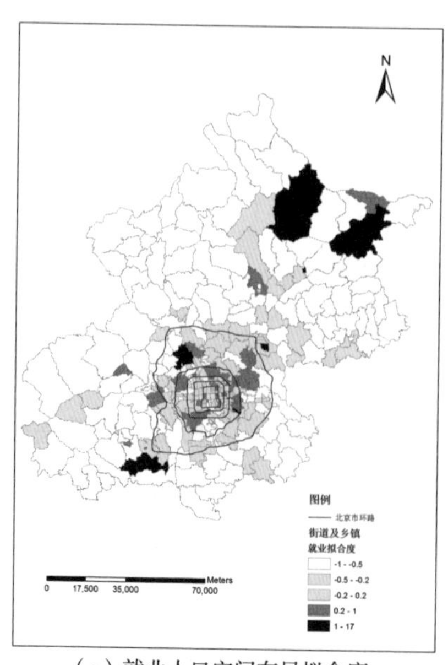

（a）就业人口空间布局拟合度

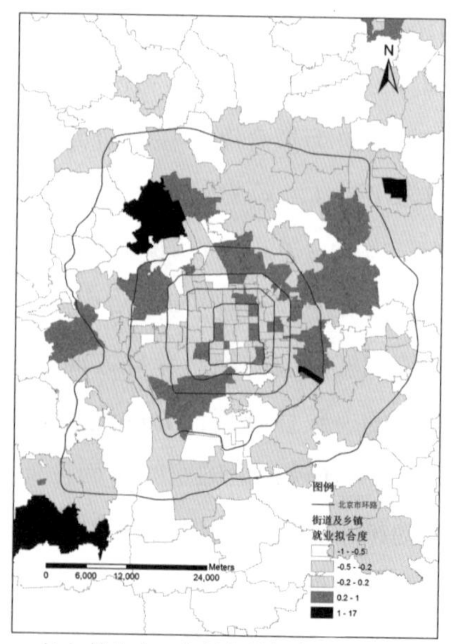

（b）就业人口空间布局拟合度（局部）

图 6-4　2010 年北京市就业人口总量拟合度的空间布局

数据来源：2010 年北京市企业调查数据、作者根据实验结果自绘。

与北京市就业人口空间布局现状相比，模型模拟结果中的就业人口空间布局具有更强的中心指向性。虽然模型模拟结果中的就业人口总规模低于现状规模，但在城市中心区，特别是五环以内，模型模拟结果中的就业人口规模与现状基本一致，而且局部街道办的模拟就业人口还高于现状。而随着到市中心距离的增加，模型模拟就业人口规模快速下降，低于现状就业人口规模的趋势越来越明显。

（3）就业密度及空间布局分析。

在城市就业密度方面，就业中心特征显著，城市中心区拟合度较高，局部波动显著。北京市的中心指向性就业空间分布格局得到进一步体现。

模型模拟结果中的最高就业密度为75 122人/km^2，地处金融街街道办。就业密度超过3万人/km^{2}的街道办共有18个，高于2万人/km^{2}的街道办有36个，高于1万人/km^{2}的街道办有62个，高于5000人/km^{2}的街道办有81个。实际就业密度中，虽然最高就业密度为57 004人/km^2，但高就业密度区域相对平稳，就业密度高于3万人/km^{2}的街道办有16个，高于2万人/km^{2}的街道办有36个，高于1万人/km^{2}的街道办有67个，高于5000人/km^{2}的街道办有91个［图6-5（a）］。和就业人口规模相似，模型模拟结果中的就业密度从高到低下降速度较快，就业密度高于3万人/km^{2}的街道办数比现状多2个，而就业密度高于5000人/km^{2}的街道办数量则比现状少10个。

中关村、金融街和CBD 3个就业中心区中，CBD和金融街的高就业密度比较显著，而中关村就业中心显著性被弱化，规模最庞大的就业中心围绕着CBD地区展开［图6-5（b）］。东北二环和三环之间的高就业密度中心得以显现，与现状相比，连成了一片。两者的拟合度也很好地反映了这一特征（图6-5）。

这种现象与产业结构特征直接相关，CBD地区和金融街地区的主导产业均为生产性服务业，产业规模较大，给在模型中富有竞争力的生产性服务业预留了更多的发展空间，在模型模拟运算中发展比较充分，因此这些地区的总就业人口和就业密度就相对较高。以中关村为核心的技术密集型产业总体规模相对于生产性服务业比较小，对区域的就业拉动能力有限。

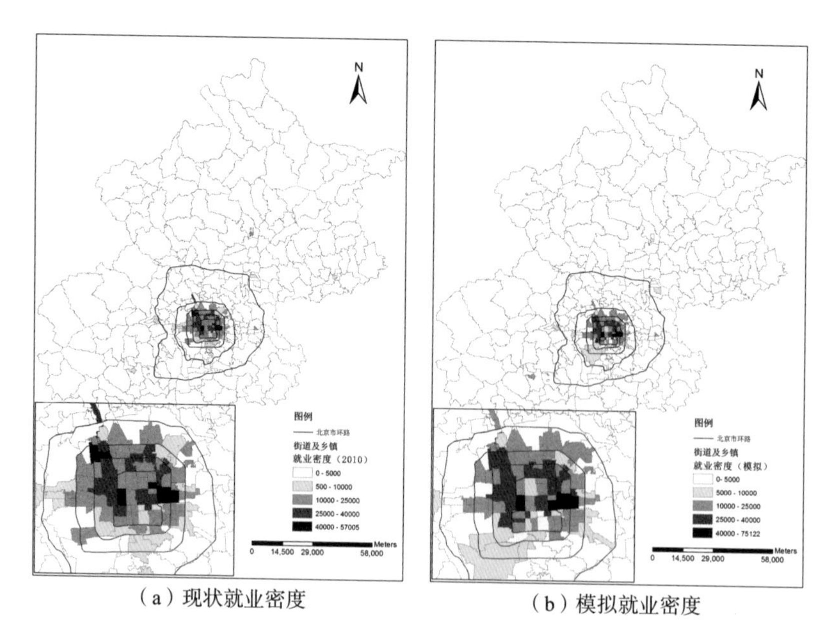

（a）现状就业密度　　（b）模拟就业密度

图 6-5　2010 年北京市现状就业密度和模拟就业密度的空间布局

数据来源：2010 年北京市企业调查数据、作者根据实验结果自绘。

以效率优先的竞争模式会使所有区域在力所能及的情况下发展效率最高的产业，区域专业化水平较现实状况高，因此局部街道办会出现就业人口总量及密度超过现状。

（4）居住人口总量及空间布局分析。

① 居住人口总量对比分析。

在人口总量方面，根据北京市第六次人口普查数据，2010 年北京市常住人口总量为 1946.12 万人。模型模拟运算结果中的居住人口总量为 1601.17 万人，为实际居住人口总量的 82.28%，低于产业总产值占实际经济规模的 87.67%，产业增加值占实际增加值的 89.41%。模型模拟结果中的人均总产值和人均增加值均高于现状。

在本研究的模型框架中，产业用地需求和居住用地需求之间是竞争关系，居住用地的面积需求与就业人口总量又成比例关系。产业部门单位产值所需要的劳动力数量越多，这些劳动力的居住用地刚性需求会增加，对产业用地形成的用地竞争压力就越大，进而影响了该产业部门的竞争力。

上述模拟结果很好地诠释了这一点，即产业部门单位产值所需要的劳动力越少，则该部门的竞争力相对较强。

② 居住人口的空间布局总体分析。

在居住人口的空间布局方面，模型模拟结果与2010年北京市居住人口分布现状相比呈现总体大格局相似，局部小格局差异空间分布特征。以居住用地建筑面积作为居住魅力对居住人口空间布局的分配影响比较显著。

由于乡、镇、街道办的辖区面积差异原因，不论是现状人口分布还是模型模拟结果，均呈现在五环沿线，以局部大规模的居住区为节点，形成环绕城市中心区的居住带。以居住带为分水岭，向内和向外的街道办居住总人口均呈下降趋势（图 6-6）。说明以居住魅力和就业通勤成本共同作用下的重力模型能够对就业人口的居住地进行比较合理的空间分配。在就业空间布局与实际情况比较吻合的前提下获得了与现状比较吻合的居住空间分布格局。与现状人口分布相比，模型模拟结果中的居住人口从城市中心向外围递减速度较快，居住人口规模在 1 万人以上的乡、镇、街道办覆盖范围明显减少。

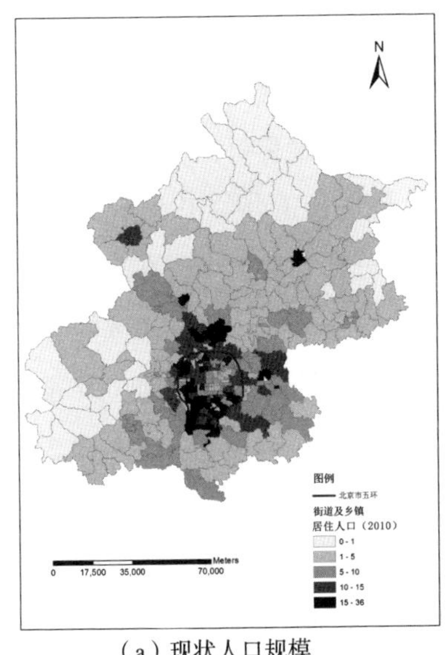

（a）现状人口规模

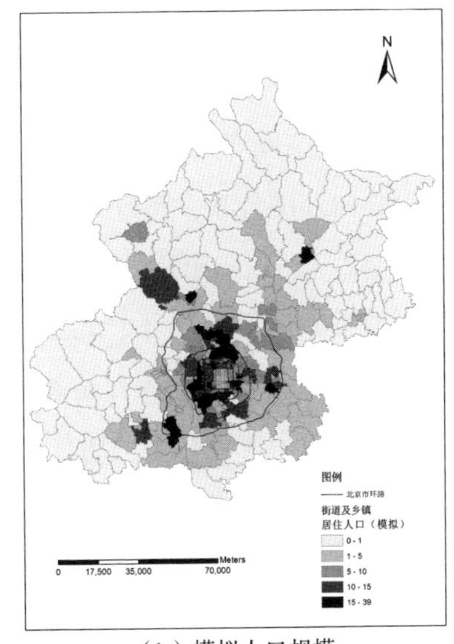

（b）模拟人口规模

图 6-6 2010 年北京市现状人口规模和模拟人口规模的空间布局

数据来源：2010 年北京市企业调查数据、作者根据实验结果自绘。

在具体乡、镇、街道办的人口规模方面，与现状居住人口规模分布梯度相比，模型模拟的居住人口模拟值的下降速度较快，居住人口集中程度较高。居住人口规模超过 15 万人的乡、镇、街道办中，2010 年现状中有 22 个，规模前 10 的分别是东小口地区、卢沟桥街道办、回龙观地区、新村街道办和北七家镇、学院路街道办、望京街道办、北太平庄街道办、十八里店地区和永顺地区办事处，最低人口规模为 19.5 万人。而模型模拟结果中居住人口规模超过 15 万人的乡、镇、街道办有 25 个，比 2010 年现状多 3 个。其中规模排名前 10 的分别是东小口地区、回龙观地区、卢沟桥街道办、新村街道办、来广营地区、望京街道办、广安门外街道办、大屯地区街道办、东铁匠营街道办和密云镇，最低人口规模为 19.25 万人。人口规模在 10 万 ~ 15 万人的街道办，模拟结果中有 38 个，比 2010 年现状在这一范围内的街道办数量少 8 个；人口规模在 5 万 ~ 10 万人的街道办数量为 50 个，比 2010 年现状在这一范围内的街道办数量少 25 个。人口规模在 1 万 ~ 5 万人的街道办数量为 88 个，比 2010 年现状在这一范围内的街道办数量少 42 个。

③ 基于拟合度的居住人口空间布局空间一致性分析。

在模型模拟运算中，拟合程度良好的乡、镇、街道办有 61 个，而 75% 左右的该类型乡、镇、街道办位于五环内。拟合程度较好的乡、镇、街道办有 88 个，在空间布局上呈现紧紧围绕拟合程度良好的乡、镇、街道办周围，从中心向外围分布，超过 85%的乡、镇、街道办位于六环以内。其中，拟合度在 0.2 ~ 1 范围内的乡、镇、街道办分布相对集中，在东二环到东四环之间形成一条南至南四环、北至北五环的分布带。这一区域的居住人口规模较该地区人口规模现状有显著上升。其次是首都机场周边及通州主城区所在地形成两个比较显著的居住人口增长极。拟合度在 −0.5 ~ −0.2 范围内的乡、镇、街道办除了有几个分布在内城，主要分布在四环和六环之间，是拟合度良好区域和拟合度较差区域的过渡带。在六环以外的地区，除了各区的中心城区，其他地方的拟合程度均比较差，而且以模拟值低于实际值的 50%的区域为主 [图 6-7（b）]。

在拟合程度较差的乡、镇、街道办中，有少数的模拟值高出现状的 2 倍，结合各乡、镇、街道办的居住人口空间布局，不难发现在远郊区的乡、镇、街道办主要是因为现状基数太小，轻微的波动就会在比重上比较显著。如八达岭镇，现状居住人口仅 0.8 万人，而居住用地面积供给比较充足，达 144 公顷，模型最优解时该地区模拟居住人口为 4.4 万人。

此外，良乡地区的模拟值与现状值差距最大，其原因是良乡地区现有的居住用地拥有量和可用土地面积总量远高于周边地区，而本模型中的居住魅力和可用居住用地面积呈正相关关系，因此，良乡地区在模型模拟运行中成为周边区域就业人口的高魅力居住地选择地之一。

位于主城区的这类型乡、镇、街道办拟合程度均相对稳定，基本不超过现状的 3 倍。在空间布局上基本呈现被周边居住人口稳定的乡、镇、街道办或者整体居住人口比重上升的乡、镇、街道办包围，说明这些地方有比较充足的居住建筑面积供给和良好的交通区位，基于现状有较好的人口规模上升空间，也反映出中心城区的人口规模波动范围较边缘区小。

总人口的拟合度表明在模型模拟过程时，居住魅力和交通区位共同决定下的居住地选择模式中，居住魅力越好、交通区位越好的地方模型模拟准确性越高，而周边区域随着距离市中心越远，拟合度显著下降［图 6-7（b）］。

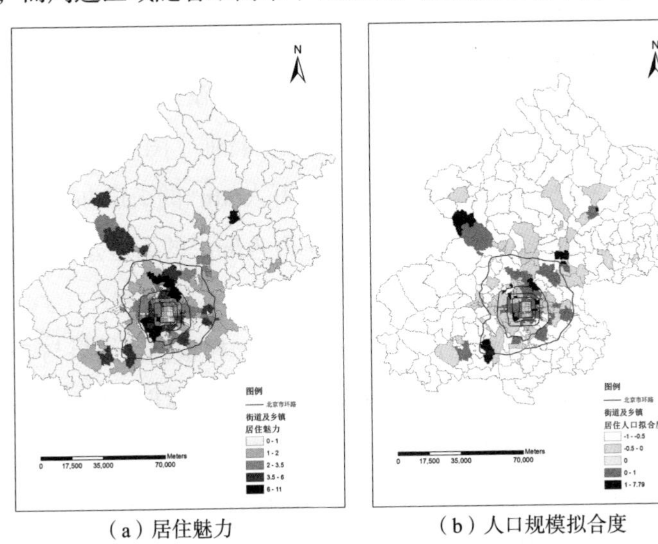

（a）居住魅力　　（b）人口规模拟合度

图 6-7　2010 年北京市居住魅力和人口规模拟合度的空间布局

数据来源：2010 年北京市企业调查数据，作者根据实验结果自绘。

总之，在居住人口空间分布格局方面模型的模拟结果呈现如下启示：第一，就业的空间布局对居住人口的空间布局特征起决定性作用，中心指向性的就业分布特征决定了居住人口以城市中心区和城市中心边缘区为主的居住地选择导向。第二，以居住魅力和交通成本综合作用的居住人口空间分配模式能够较好地反映现状就业空间分布格局下的居住人口布局特征，揭示了城市就业人口的居住地选择规律。第三，模型模拟结果的拟合度总体呈现从中心到外围逐步变差的过程，说明模型对城市中心区的解释能力较强，而边缘地区较差。

（5）居住人口密度及空间布局分析。

在城市居住人口密度方面，模型模拟结果呈现空间布局轮廓与现状相似，但从城市中心到外围递减速度较快。

模型模拟结果中的最高人口密度为 55 208 人/km^2，人口密度超过 3 万人/km^2 的街道办有 26 个，人口密度超过 2 万人/km^2 的街道办有 54 个，从二环内城到四环，北部延伸到五环，形成一个高密度环形居住带。从全局上来看，居住人口密度从中心城区向外围分层降低，呈现单中心扩展结构。与模型模拟结果相比，2010 年北京市的最高人口密度达 7 万人/km^2，人口密度超过 3 万人/km^2 的街道办有 18 个，相对较少；超过 2 万人/km^2 的街道办多达 53 个，数量相当，但空间布局有所差别，在五环以内由高密度居住区形成的环形居住带具有显著的“北重南轻”特征［图 6-8（a）］。

模型模拟结果中居住人口密度超过 1 万人/km^2 的街道办有 98 个；而 2010 年北京市现状格局中人口密度超过 1 万人/km^2 的街道办有 105 个。两者在规模和空间布局上均具有较高的一致性［图 6-8（b）］。

在居住人口密度的总体空间分布格局方面，模型模拟结果与 2010 年北京市实际人口空间分布总体上都呈现从中心向外围逐步降低的布局态势。两者在空间扩展的范围和扩展方向方面均有较强的相似性。

对比结果进一步表明：第一，以可提供居住用地面积为决定性的居住魅力在就业人口的居住地选择空间格局上具有良好的空间导向作用。第二，人口密度高于 1 万人/km^2 的街道办在数量上和空间布局上与现状良好的一致性验证了模型对高密度就业区域的解释能力。第三，城市就业的高度中心指向性布局决定着就业人口的居住地区位选择在模型中得到验证。

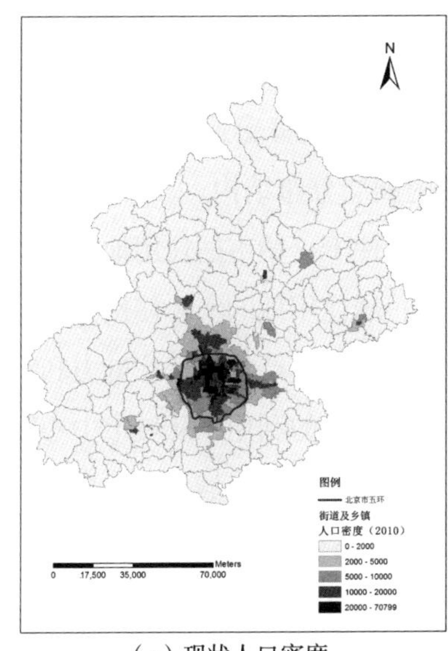

（a）现状人口密度

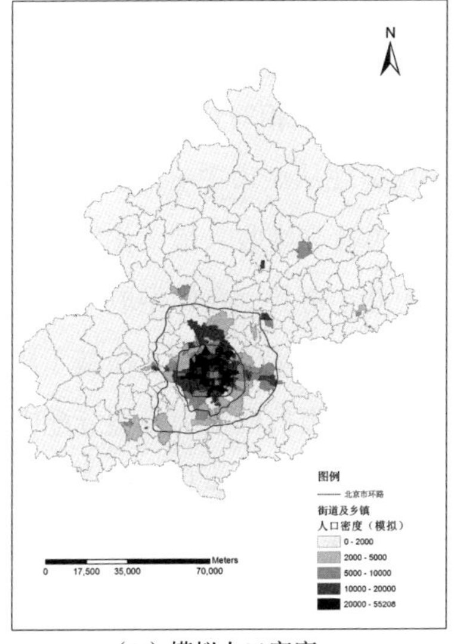

（b）模拟人口密度

图 6-8 2010 年北京市现状人口密度和模拟人口密度的空间布局

数据来源：2010 年北京市企业调查数据，作者根据实验结果自绘。

（6）产业、居住用地拟合度的空间布局分析。

① 居住用地和产业用地的空间布局特征凸显了北京市产业中心指向性带来的城市居住空间布局特征。

在本模型框架中，仅限定每个街道办的产业用地和居住用地供给总量，产业用地和居住用地之间存在着直接的竞争关系。产业用地效率和居住用地效率不对等时，处在竞争优势的一方会对另一方的土地面积进行挤压，从而实现土地利用类型的转变。

模型模拟结果显示，产业用地的被利用率从城市中心区向外围逐步递减，呈圈层分布。以 CBD、金融街、中关村和东北三环为中心，形成高密度产业集聚地，这些区域在用地竞争过程中，产业用地以其竞争优势获得了优先发展权，部分居住用地被迫转换为产业用地，形成位居城市中心区的产业发展优势区，这些区域的实际产业用地量高于本地产业用地供给量的

120%。围绕着产业发展优势区，是产业用地均衡区，这些区域的实际产业用地量位居本地产业用地供给量的80%～120%。紧邻的外围依次为实际产业用地量位居本地产业用地供给量的50%～80%的产业未充分发展带和实际产业用地量低于本地产业用地供给量50%的产业弱发展区［图6-9（b）］。

与产业用地相对应，城市居住用地的被利用率受到产业用地的严重排挤，并且呈现从城市中心区到外围地区的圈层分布结构。

在城市社会纯收入最大化的目标函数驱使下，城市居住用地在和产业用地竞争中处于劣势。在模型取得最优解时，居住用地的实际使用量均低于本地居住用地供给量的70%。在基于居住建筑面积供给量为居住魅力和距离成本函数为出行阻抗的重力模型分配中，居住用地的利用率从城市中心区向外围逐步降低。居住用地利用率高于本地供给量60%的区域从西四环、南四环延伸到东五环、北五环，这些地区也是模拟结果中人口密度最高的区域。居住用地利用率高于本地供给量50%的区域延伸到了六环附近。六环以外的地区居住用地占本地居住用地供给量比重均低于50%［图6-9（a）］。

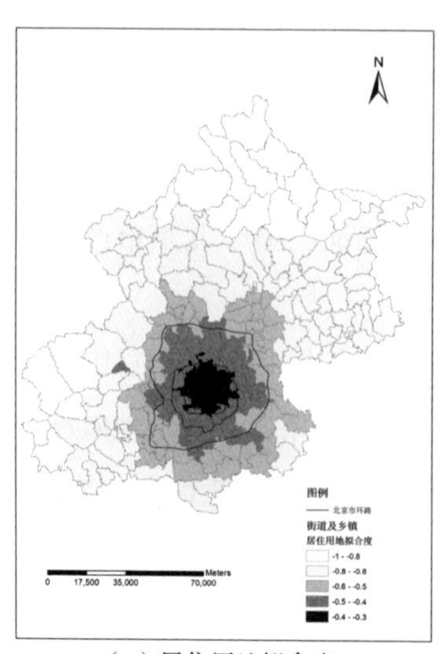

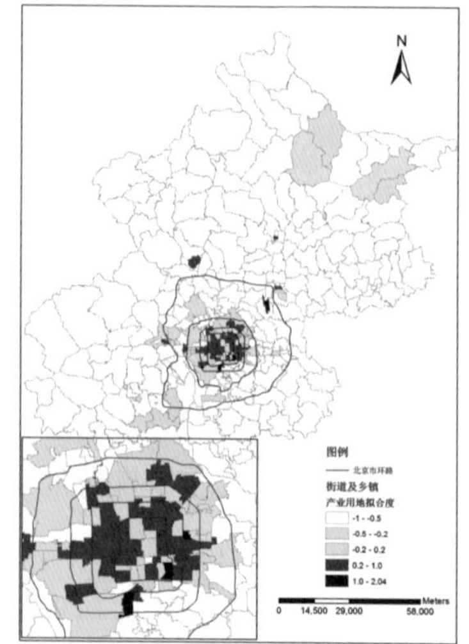

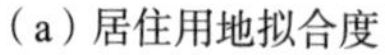
（a）居住用地拟合度

（b）产业用地拟合度

图6-9　2010年北京市居住用地拟合度和产业用地拟合度的空间布局

数据来源：作者根据实验结果自绘。

居住用地拟合度和产业用地拟合度的空间布局显著反映出了产业的中

心指向性对居住中心指向性的控制作用。虽然在城市中心区的居住功能和产业功能在用地竞争中，居住用地受到排挤，但仍保持最高的居住密度。

② 总用地使用率的空间布局特征充分体现了产业的竞争性。

在总用地拟合度方面，总体土地的利用率不高，这一点反映了线性规划模型的不足。在模拟实验中，如果不考虑居住用地约束，所有街道办的所有产业用地都能被100%使用。但是当在产业发展的同时考虑居住用地空间配置的过程中，基于模型最优化目标和重力模型分配比重的固定性，当局部区域的土地被完全使用，就会抑制其他地区其他产业的发展。这也是在以实际经济发展状况提取参数之后，模型模拟的经济总量与现状有很大差异的原因。因此，本研究的模型框架能够体现出Lowry模型框架对就业、居住空间布局关系的揭示，而不能够对空间个体特征进行详细的描述和分析。重力模型分配机制的优化是模型框架需要进一步改进的方向。

在总用地拟合度的空间布局方面，以金融街、CBD、中关村、东北三环延伸的奥林匹克中心区为中心的产业中心区土地利用率最高。41个土地供给被完全使用的街道办中，上述区域占31个。此外，外围各区中心区的总用地拟合度也非常高，区域中心性得到凸显（图6-10）。

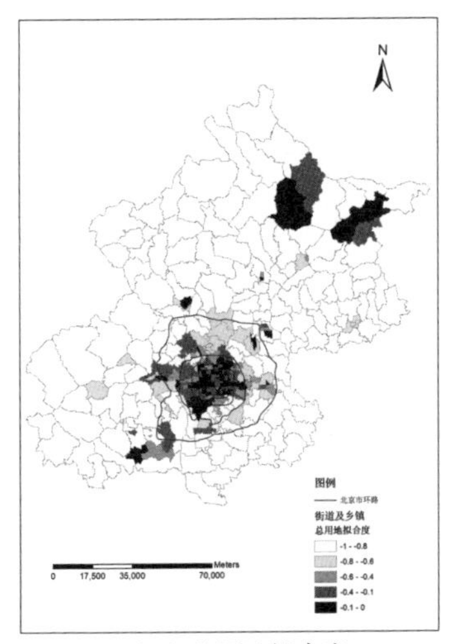

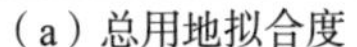
（a）总用地拟合度

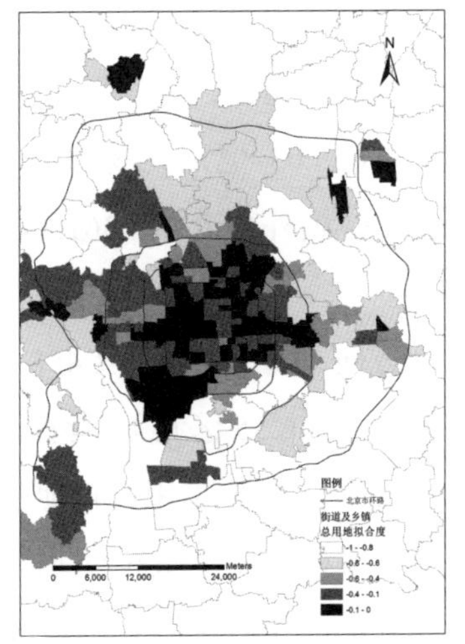

（b）总用地拟合度（局部）

图6-10　2010年北京市总用地拟合度的空间布局

数据来源：作者根据实验结果自绘。

这种空间布局特征主要由如下原因造成：首先，在模型的土地供给数据统计口径中，农村地区的村镇建设用地（E6）被划入产业用地；其次，在目标函数的社会纯收入最大化和产值上限约束条件下，这些区域的产业发展上限较低，因此实际产业用地远小于模型设定的产业用地供给量，所以这些地区的总用地拟合度普遍较低。最后，在上述两个原因之外，交通成本的最小化也起到重要作用，虽然以城市中心区和边缘地区的各区中心区构成了多层次的中心区体系，但是距离城市中心区较远的各区中心区所在地总用地拟合度低于距离城市中心区较近的各区中心区所在地。

（7）生产性服务业产值及空间布局分析。

在模型框架的运算过程中，生产性服务业以其较强的竞争优势得到了充分发展，模型模拟的总产值为 20 029.21 亿元，其模拟值占现状规模的 97.32%。较高总量拟合度使其在空间布局上呈现与现状具有高度的一致性。总产值高于 300 亿元的街道办共有 19 个，主要集中在 4 个产业集聚中心地区。

产值最高的是金融街街道办，高达 1246.49 亿元，以其为核心，和周边街道办，如新村街道办（542.56 亿元）、展览路街道办（488.02 亿元）、甘家口街道办（467.87 亿元）、广安门外街道办（377.68 亿元）、羊坊店街道办（311.69 亿元）组成了金融街地区的生产性服务业发展中心。

其次是建外街道办，总产值高达 687.87 亿元，并以其为中心，结合建国门街道办（623.03 亿元）、东华门街道办（382.89 亿元）、呼家楼街道办（389.68 亿元）、朝外街道办（361.39 亿元）组成了 CBD 地区的生产性服务业发展中心。

在西北方向，海淀街道办（458.75 亿元）、上地街道办（393.43 亿元）、中关村街道办（346.55 亿元）、紫竹院街道办（358.27 亿元）和学院路街道办（367.21 亿元）组成了中关村地区的生产性服务业发展中心，与前两个产业中心相比规模较小［图 6-11（a）、图 6-11（b）］。

位于东北的以亚运村街道办（380.86 亿元）、北新桥街道办（360.22 亿元）、和平里街道办（303.56 亿元）为中心的奥林匹克中心区初步形成。

其空间拟合程度也非常好，307 个街道办中 304 个街道办的模拟产值都达到了该街道办的生产性服务业现状规模。只有建国门街道办、北新桥街道办和上地街道办的规模没有达到上限，其他区域的模拟值均与模型约束上限一致［图 6-11（c）］。

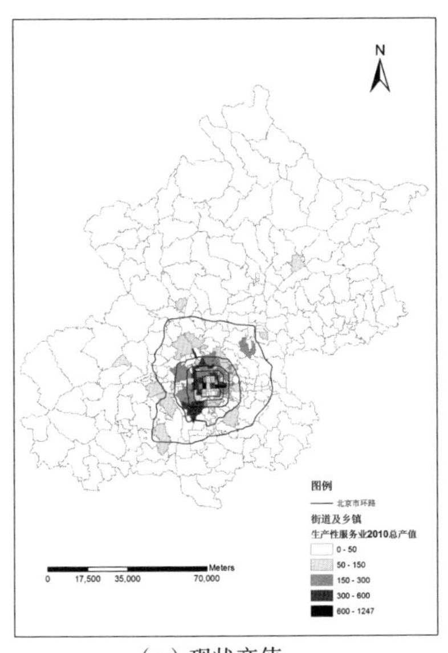

（a）现状产值

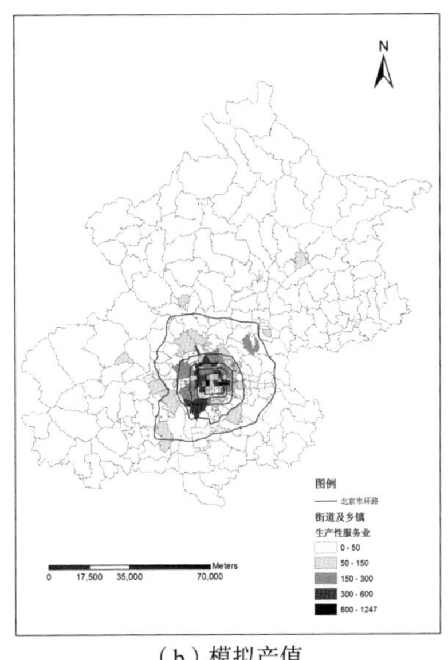

（b）模拟产值

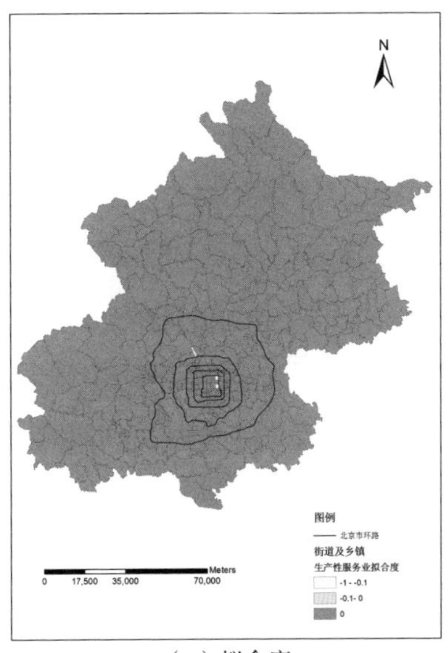

（c）拟合度

图 6-11　2010 年北京市生产性服务业现状及模拟结果空间布局

数据来源：2010 年北京市企业调查数据，作者根据实验结果自绘。

模型模拟结果显示：第一，在产业之间相互竞争机制和最终需求约束的共同作用下能够得到充分的发展，很好地体现出了生产性服务业在现状经济系统中的竞争力和主导能力；第二，生产性服务业在经济总量上的绝对控制，促使该产业的空间布局对经济重心的布局产生举足轻重的影响；第三，生产性服务业的充分发展，在其产业中心地形成庞大的就业中心，就业地的空间控制性进一步决定了就业人口的居住地选择格局。生产性服务业的向心性分布格局密切影响着城市的居住空间布局。

（8）一般服务业产值及空间布局分析。

在投入产出表中，一般服务业被划定为基本部门，但是其净输出占其总产出比重很小，最主要的功能还是实现本地服务。在模型情景设置中，为了说明这种特征，对一般服务业的最终输出进行了约束。模型模拟结果中一般服务业的产值为4495.55亿元，为北京市2010年现状总产值5253亿元的85.86%。

受限后的一般服务业不仅在产值总量上受到约束，其空间分布格局也出现显著变化[图6-12（a）、图6-12（b）]。总体呈现中心受限、外围充分发展的空间布局特征。金融街街道办、上地街道办、建国门街道办、东四街道办及北新桥街道办的一般服务业总产值为零。建外街道办、左家庄街道办、朝外街道办、甘家口街道办的一般服务业也未得到充分发展，产值总量不到约束条件上限的60%。其他街道办中，除了团结湖街道办模拟值为约束上限的95%，剩下的街道办的一般服务业产值规模均达到其约束上限。

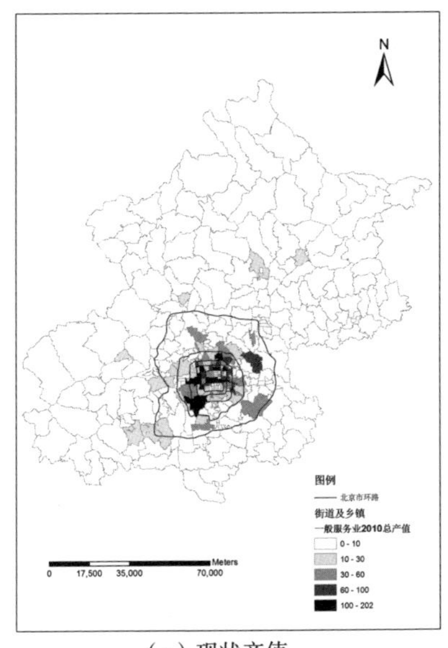

（a）现状产值

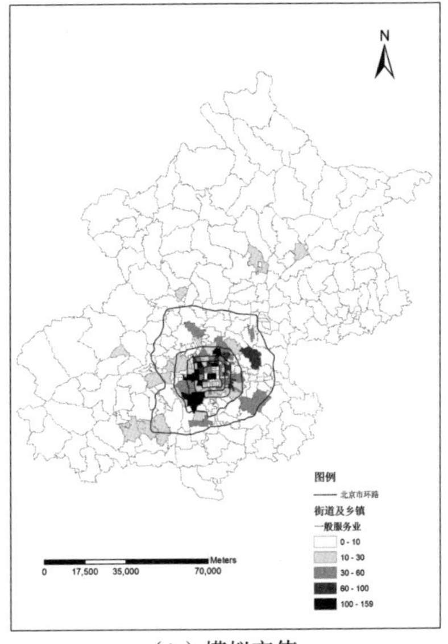

（b）模拟产值

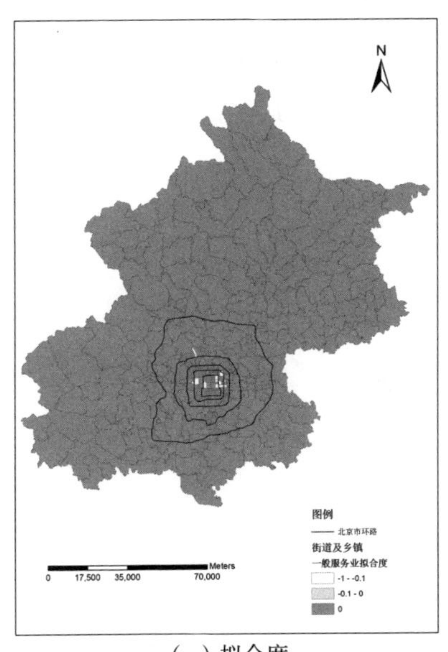

（c）拟合度

图 6-12　2010 年北京市一般服务业现状及模拟结果空间布局

数据来源：2010 年北京市企业调查数据，作者根据实验结果自绘。

模型模拟结果表明：第一，在保持一般服务业产业特性的情况下，模型模拟结果与现状有较好的一致性，在产业总规模方面解释能力超过 85%，在产业空间布局方面，超过 95%的模拟值与现状约束一致。第二，一般服务业产业规模没有达到约束上限的区域主要集中在城市中心区，这些区域是用地竞争最激烈的地方，用地总规模均达到模型约束上限，在这种约束框架下，一般服务业产业用地均被生产性服务业占用。

（9）社会服务业产值及空间布局分析。

在投入产出表中，社会服务业被划定为非基本部门，净进口额为 355.76 亿元，模型模拟结果中社会服务业的总产值为 1460.14 亿元，为北京市 2010 年现状总产值 1947.96 亿元的 74.96%。

受限后的社会服务业不仅在产值总量上受到约束，其空间分布格局也出现显著变化［图 6-13（a）、图 6-13（b）］。总体呈现中心受限、外围充分发展的空间布局特征。甘家口街道办、金融街街道办、上地街道办、建国门街道办、北新桥街道办、团结湖街道办的社会服务业总产值为零。新华街道办、东四街道办、建外街道办的社会服务业也未得到充分发展，产值总量不到约束条件上限的 70%。其他街道办的社会服务业产值规模均达到其约束上限。

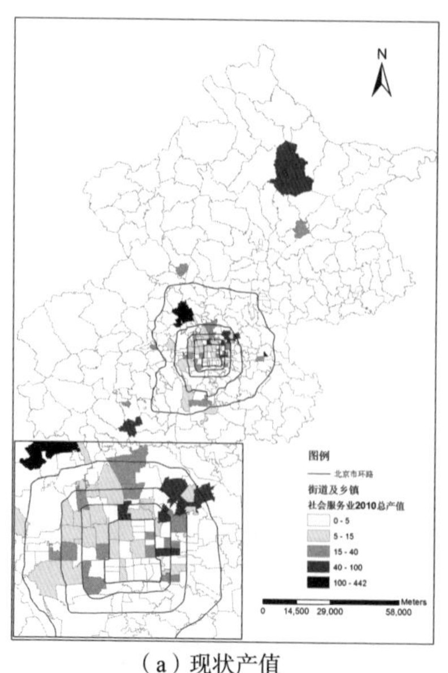

（a）现状产值

（b）模拟产值

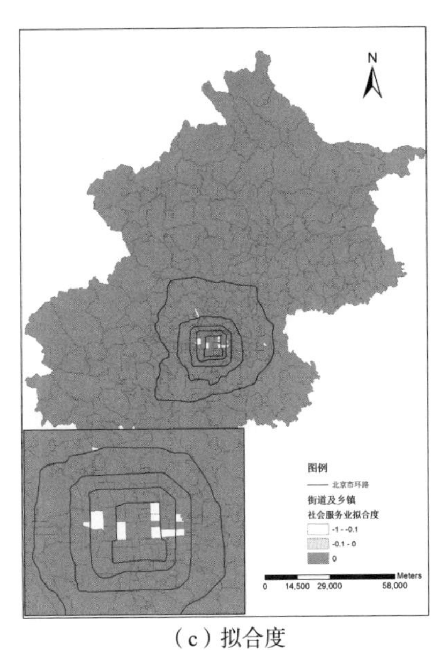

（c）拟合度

图 6-13 2010 年北京市社会服务业现状及模拟结果空间布局

数据来源：2010 年北京市企业调查数据，作者根据实验结果自绘。

模型模拟结果表明：第一，在保持服务业产业特性的情况下，模型模拟结果与现状的一致性低于生产性服务业和一般服务业，在产业总规模方面解释能力超过 70%；在产业空间布局方面，超过 95%的模拟值与现状约束一致。第二，社会服务业产业规模没有达到约束上限的区域主要集中在城市中心区，这些区域是用地竞争最激烈的地方，用地总规模均达到模型约束上限，在这种约束框架下，社会服务业产业用地均被生产性服务业占用。

（10）技术密集型制造业产值及空间布局分析。

在投入产出表中，技术密集型制造业被划定为非基本部门，净进口额为 541 亿元，在模型框架运算过程中，技术密集型制造业的净出口额达到其约束条件上限，达到上限时模型模拟的总产值为 5765.73 亿元，为北京市 2010 年现状总产值 7068.58 亿元的 81.57%。

在空间布局上，模型模拟结果与现状之间的差异集中来自 20 个街道办，其中 18 个本产业产值为零，2 个产业的模拟产值低于规模上限的 50%。在 20 个街道办中，10 个来自城市中心区的 4 个就业中心区，6 个来自周边区的区中心［图6-14（a）、图6-14（b）］。

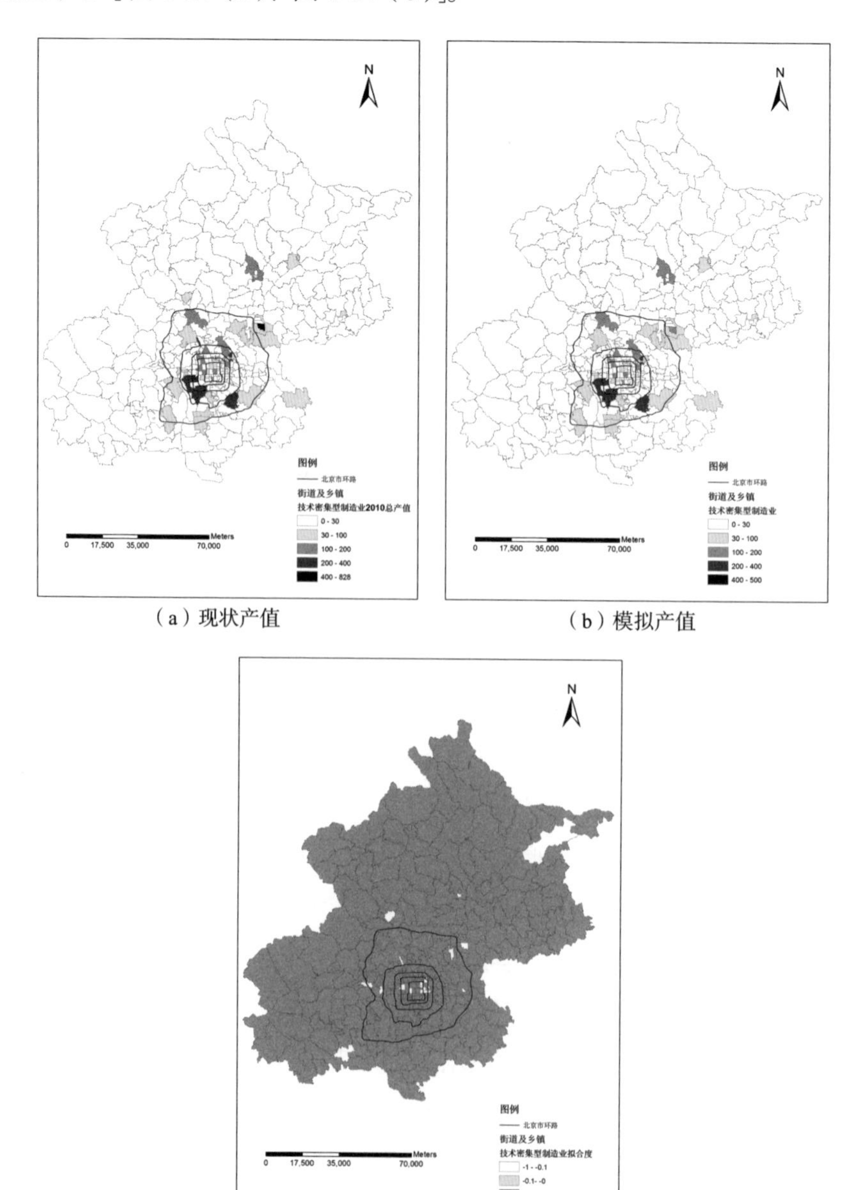

（a）现状产值

（b）模拟产值

（c）拟合度

图6-14 2010年北京市技术密集型制造业现状及模拟结果空间布局

数据来源：2010年北京市企业调查数据，作者根据实验结果自绘。

模型模拟结果表明：第一，在保持技术密集型制造业产业特性的情况下，模型模拟结果与现状有较好的一致性，但略低于一般服务业。在产业总规模方面解释能力超过 80%；在产业空间布局方面，超过 90%的模拟值与现状约束一致。第二，在这种约束框架下，在部分地区土地总量不够的情况下，技术密集型制造业的产业用地均被服务业占用。

（11）资本密集型制造业产值及空间布局分析。

在模型约束条件中，资本密集型制造业的净进口额为 1000 亿元，在模型框架运算过程中，资本密集型制造业的净出口额达到其约束条件上限，达到上限时模型模拟的总产值为 2057.63 亿元，为北京市 2010 年现状总产值 2314.40 亿元的 88.91%。

在空间布局上，本产业与技术密集型制造业相似，模型模拟结果与现状之间的差异集中来自 20 个街道办，而且完全与技术密集型制造业的对应区域吻合，其中 19 个本产业产值为零，1 个产业的模拟产值低于规模上限的 50%。这 20 个街道办与技术密集型制造业发展规模受限的区域完全一致。说明在模型约束条件的限定下，这两个产业的空间竞争力具有显著相似性［图 6-15（a）、图 6-15（b）］。

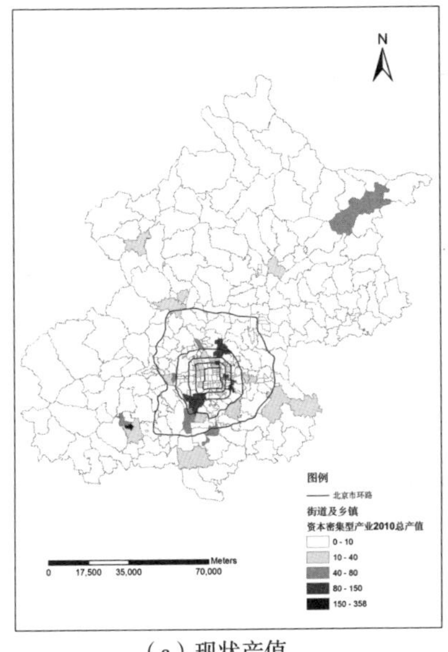

（a）现状产值

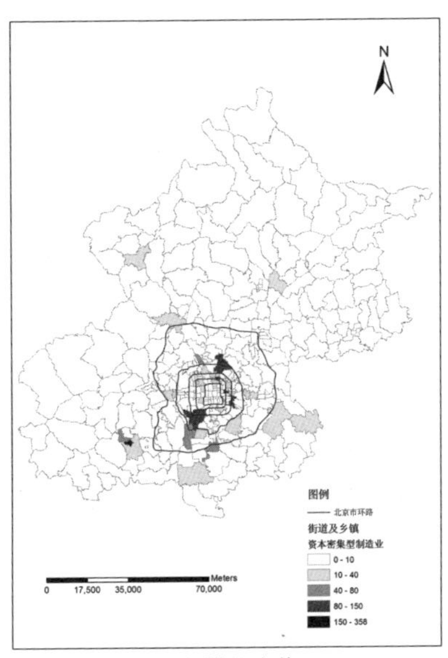

（b）模拟产值

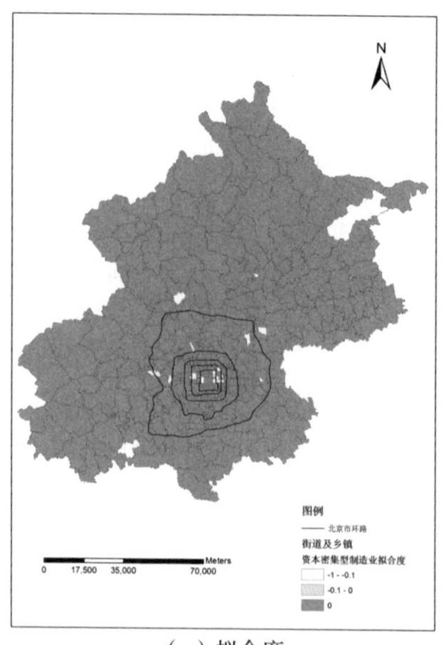

（c）拟合度

图 6-15　2010 年北京市资本密集型制造业现状及模拟结果空间布局

数据来源：2010 年北京市企业调查数据，作者根据实验结果自绘。

（12）劳动密集型制造业产值及空间布局分析。

模型模拟结果中，劳动密集型制造业的产值为 1830.12 亿元，为北京市 2010 年现状总产值 1864.32 亿元的 98.17%。

在北京市现状经济体系中，劳动密集型制造业的发展规模相对于其他产业比较小，在投入产出表中为非基本部门。在模型约束条件中，劳动密集型制造业的净进口额为 1000 亿元，在上述产值空间布局下，其净进口额为 1124.24 亿元，并未达到模型约束上限，说明净进口额上限对其影响不大。

在空间布局方面，除了上地街道办、建国门街道办和北新桥街道办这 3 个街道办总产值为零，金融街街道办总产值低于约束条件上限的 70%，其他街道办总产值均达到约束上限［图 6-16（a）、图 6-16（b）］。

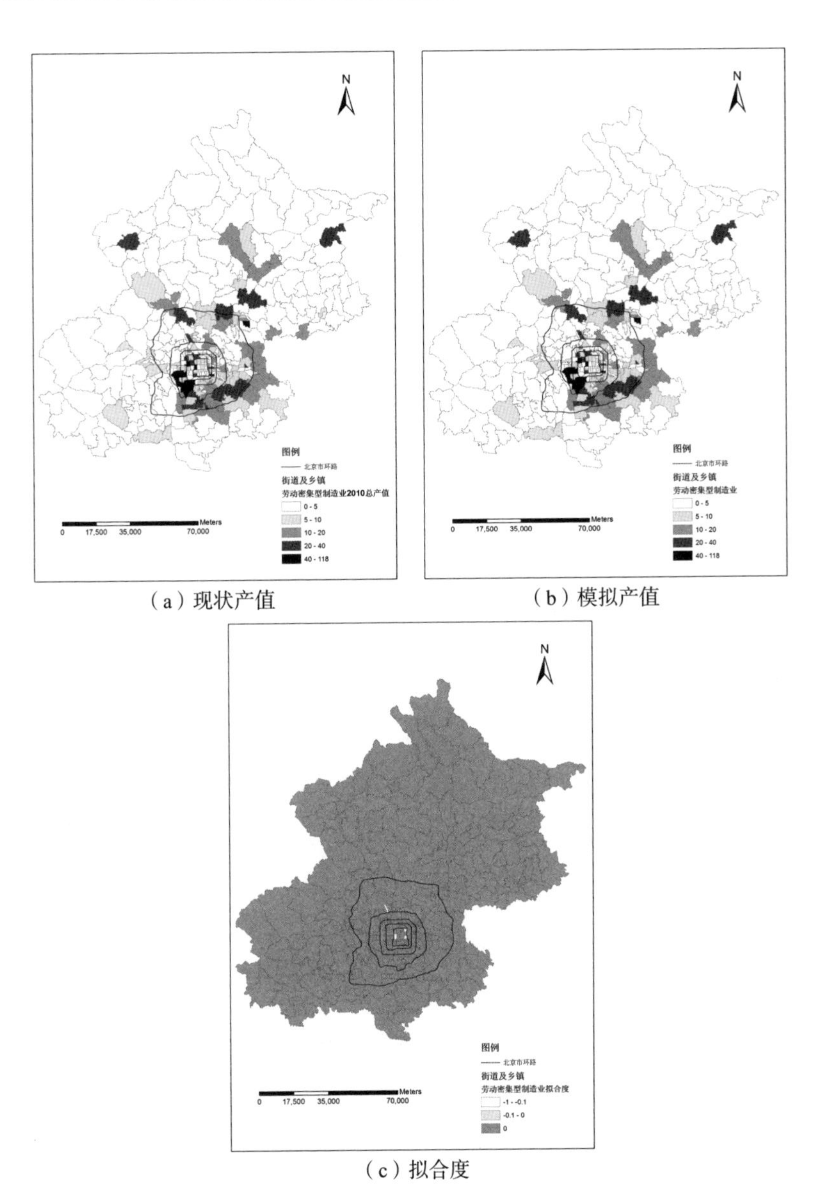

（a）现状产值　　（b）模拟产值

（c）拟合度

图 6-16　2010 年北京市劳动密集型制造业现状及模拟结果空间布局

数据来源：2010 年北京市企业调查数据，作者根据实验结果自绘。

模型模拟结果表明：第一，在保持劳动密集型制造业产业特性的情况下，模型模拟结果与现状有较好的一致性，在产业总规模方面解释能力超过 95%；在产业空间布局方面，超过 98%的模拟值与现状约束一致。第二，在模拟现状的约束框架下，经济体系对劳动力密集型产业的庞大需求和该产业现状较低的生产供给能力，促使劳动密集型产业在现状规模上限的约束下可以充分发展，除了中心地带产业用地竞争极其激烈的个别街道办，绝大多数街道办的劳动密集型制造业均能达到其总产值上限。

（13）商业人口的空间布局分析。

模型模拟运算结果显示，北京市的商业中心与就业中心具有很高的空间一致性。全市商业人口规模超过 20 万人的街道办有 19 个。CBD 地区的商业人口呈现规模大、范围广的特点。CBD 地区商业人口规模超过 20 万人的街道办高达 8 个，规模最大的为建外街道办达 122.66 万人，其他分别是麦子店街道办（80.21 万人）、团结湖街道办（60.97 万人）、建国门街道办（59.37 万人）、朝外街道办（51.04 万人）、左家庄街道办（39.80 万人）、呼家楼街道办（30.93 万人）、东四街道办（22.06 万人）。

其次是金融街中心区，商业人口规模超过 20 万人的共有 5 个街道办，金融街街道办的商业人口为 55.33 万人，为该区域的商业中心地，其他分别是甘家口街道办（48.93 万人）、西长安街街道办（41.99 万人）、展览路街道办（22.11 万人）、羊坊店街道办（21.27 万人）。

奥林匹克中心区的商业中心地位也比较显著，商业人口规模超过 20 万的街道办有 4 个，分别是和平里街道办（28.80 万人）、小关街道办（25.86 万人）、亚运村街道办（23.10 万人）、德胜门街道办（21.98 万人）。

与上述 3 个就业中心相比，中关村就业中心区的商业中心区位相对较弱。商业人口规模超过 20 万人的街道办仅有 2 个，分别为双榆林街道办（37.49 万人）和北下关街道办（21.63 万人）。

商业人口密度空间布局更加显著地反映了上述特征，以上述 4 个商业中心为中心向周边延伸，形成了城市中心区的高密度商业人口区，并且从中心向外围快速递减。商业人口密度超过 1 万人/km^2 的街道办形成南至南三环、东西延伸至四环、北至五环的高密度商业核心区。围绕着该区域向外延伸到五环边缘时，商业人口密度已经跌至 1000 人/km^2。在五环以外商业人口密度高于 1000 人/km^2 的街道办仅呈零散分布（图 6-17）。

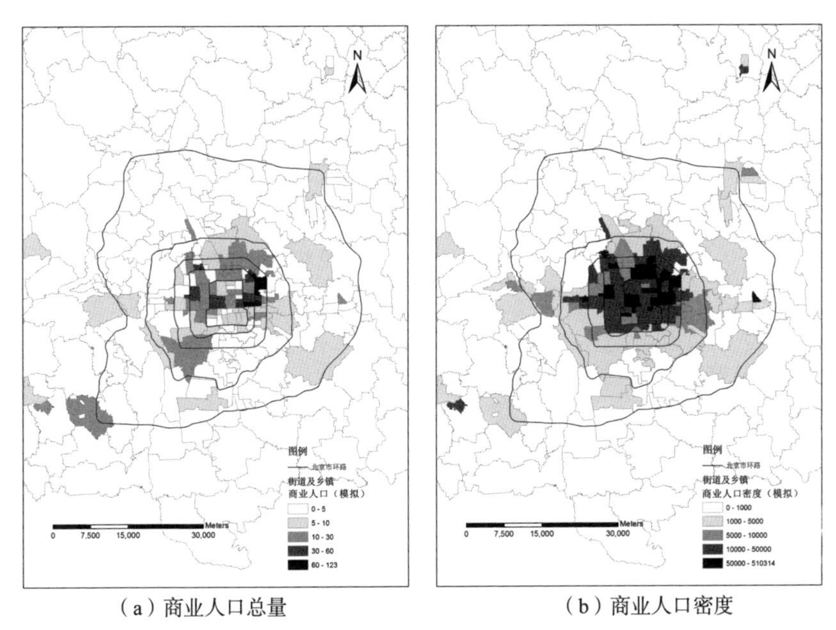

（a）商业人口总量　　（b）商业人口密度

图 6-17　2010 年北京市商业人口总量及密度模拟结果空间布局

数据来源：作者根据实验结果自绘。

三、模型模拟分析启示

（1）模型结构启示。

① 城市系统的产业→就业→居住的逻辑结构和空间配置关系在模型框架中得到良好体现。

本模型框架以北京市的土地供给规模、产业净输出结构和产业总产值空间布局现状为约束条件，以城市去除客货交通成本的纯收入最大化为目标函数，模拟了北京市在上述约束条件下追求目标函数最大时的产业总产值及空间分布格局，以及由产业空间布局决定的居住人口总量和空间布局。

模型模拟结果表明：当要求模型中的产业布局特征与现状接近时，就业空间布局及居住空间布局均与现状空间布局呈现出较高的相似性。

首先，笔者将各乡、镇就业人口规模的模拟值与北京市 2010 年现状对应值进行回归分析，两者呈现良好的线性相关关系。回归方程如下：

$$y = 0.8026x + 0.9818$$

其中 $R^2=0.7976$。说明在上述模型的约束条件下，作为模型产业→就业→居住的逻辑结构的运行起点，模型模拟结果中就业人口的空间布局特征是对北京市2010年现状对应值的空间布局特征的良好展示（图6-18）。

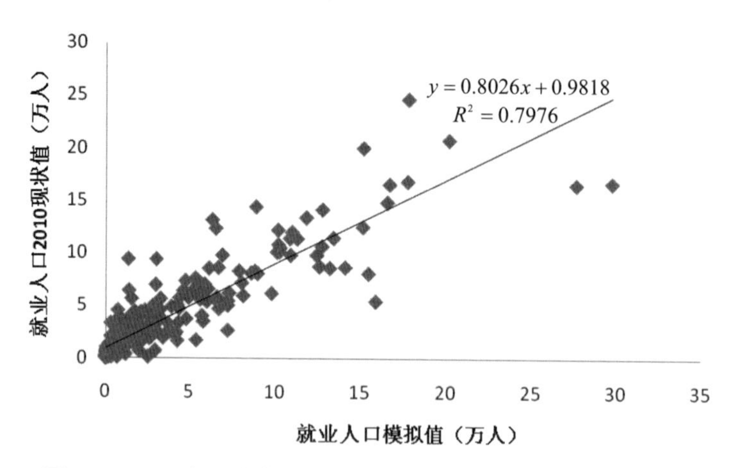

图6-18　2010年北京市现状就业人口–模拟就业人口相关性分析

数据来源：作者根据实验结果自绘

其次，笔者将各乡、镇居住人口规模的模拟值与北京市2010年现状对应值进行回归分析，两者也呈现良好的线性相关关系。回归方程如下：

$$y=0.7623x+2.3632$$

其中 $R^2=0.6988$（图6-19），说明在上述模型的约束条件下，作为模型产业→就业→居住的逻辑结构和重力模型空间配置的最终运行结果，模型模拟结果中居住人口的空间布局特征与北京市2010年现状对应值的空间布局特征也具有良好的相似性。

上述结论表明，本研究中模型的产业→就业→居住的逻辑结构和空间配置关系能够比较良好地解释城市系统的运行逻辑。模型模拟结果中，作为该逻辑运行结果的居住人口与现状值的回归分析 $R^2=0.6988$，仅比模型运行逻辑起点中就业人口模拟值与现状值的回归分析 $R^2=0.7976$ 降低了0.0988个单位。这种模型逻辑起点和逻辑终点与模拟对象城市发展现状解释能力高度的一致性，充分说明本模型框架的逻辑结构能够很好地诠释城

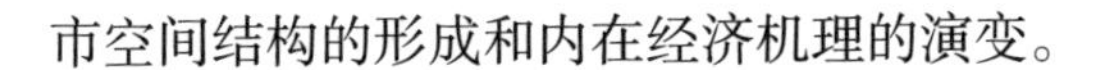
市空间结构的形成和内在经济机理的演变。

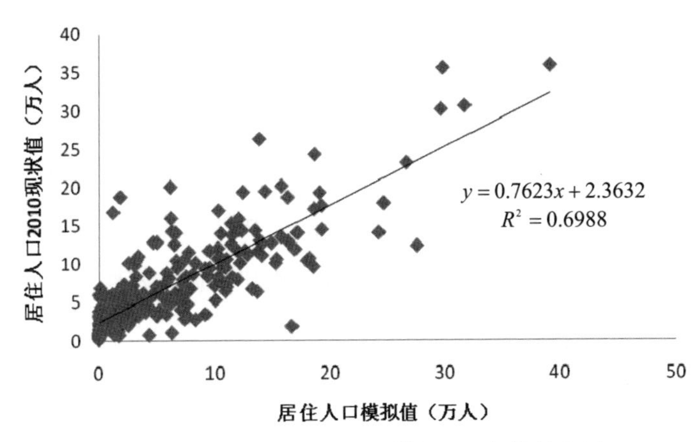

图 6-19　北京市的现状人口–模拟人口相关性分析

数据来源：作者根据实验结果自绘

② 本模型框架比较适合在全局性层面上对研究对象城市的城市空间结构特征进行分析评价。

在模型模拟结果中，呈现模拟结果在数量上与现状的差异性和在整体空间分布特征的相似性并存。当模型取得最优解时，模型模拟结果中的 7 个部门总产值约为 40 096 亿元，为实际总产值的 87.67%，与北京市 2010 年企业调查数据中的 7 个产业部门的总产值 45 736 亿元的差额达到 5640 亿元。同时，在上述回归分析中（图 6-18 和图 6-19），模型模拟结果虽然表现出了比较显著的相关性，但其回归过程中的 R^2 值均没有大于 0.8。这些模拟值与现状值之间的差异最终表现为单个街道办的模拟值与现状值之间的起伏波动，这种波动性决定了本模型不太适合在特定情景下去研究某个特定街道办的细致变化。

然而，这些个体研究基本单元的波动并没有影响模型的全局性解释能力。虽然对每个研究基本单元来说，模型模拟的结果可能会和现状存在较大差异，但从全局角度来说，区域波动变化比较平稳，模型模拟结果中的变化趋势与现状差异较小。模型模拟结果与现状值的回归分析中比较好地呈现出两者之间的正相关关系，这种关系比较显著。

结合第一点启示可知，模型模拟结果与模拟对象现状之间的相似性说明两者运行机理的接近性，而差异性则反映出模型框架逻辑与现实经济社会系统微观逻辑的差异性。因此，本研究模型的优势在于能够模拟城市产业部门之间，以及产业空间布局之间的相互关系和竞争机制，并不能比较近似的复制所有城市现状。本研究模型框架更适合分析城市空间结构的全局特征问题，开展对各种经济社会因素内在和外在关系的分析和研究，对某种特定前提下可能会出现的后果进行预测和分析，为城市空间结构的宏观布局分析提供理论依据。

③ 对产业发展现状和产业特性的准确把握是模型能够准确解读城市空间结构的基础。

模型模拟运算过程中,产业的发展和空间布局是城市经济系统运行的基础和开端，模型将产业作为模型框架运行的起点，模拟城市系统的运行机理。

由于模型框架是线性的，也就是说，模型的自变量和模型的中间变量以及最终的函数值之间均呈线性关系，这种线性关系对模拟对象运行机理描述的准确程度高度依赖于通过对现状分析而获取的参数的准确性。在模型的模拟运算过程中，模型操作者对产业发展特征把握的准确性将直接影响模型最终结果的准确性和模型的解释能力。

因此，模型框架的参数设置是本模型框架中非常关键的一部分，需要模型操作者在实际问题研究中准确地对参数加以刻画，以便提高模型的模拟准确性，提高模型的解释能力。

④ 通过参数设置使规模报酬（Returns to scale）递增原理在模型框架中得到了一定的体现，提高了模型模拟结果的准确性。

规模报酬是指在其他条件不变的情况下，企业内部各种生产要素按相同比例变化时所带来的产量变化。当企业生产函数中产出水平提高的比率大于要素投入规模的增加比率时，称为规模报酬递增。土地是产业发展的一个必不可少的生产要素。在城市产业发展过程中，规模报酬递增在一定程度上表现为随着产业规模的扩大，产业用地效率会逐步提高。

在本模型框架中，假设土地利用效率的提高表现为产业用地容积率的提高，因此在模拟过程中，模型在用地效率系数设置中加入了每个乡、镇、街道办的产业用地的容积率调整系数，促使模型中的产业用地效率与产业用地现状的容积率呈正相关关系。试图提高模拟对象城市的产业用地效率模拟值与实际产业用地效率在空间布局特征的一致性，进而提高模型模拟结果的准确性。

⑤ 对非线性 Lowry 模型框架部分功能的参数化处理有效地解决了提升线性模型解释能力和提高模型框架的运算效率的矛盾。

重力模型是 Lowry 系列模型的重要构成部分，主要负责完成模型框架中三个方面的空间分配，分别是以产地供给量和目的地需求量为吸引力，以产地和目的地之间的距离为阻抗完成中间投入产品、本地消费产品的空间分配；以居住地的居住魅力为吸引力，以就业地和居住地之间的距离为阻抗完成就业人口的居住地空间分配。

在非线性 Lowry 模型框架中的中间产品和本地消费产品空间分配过程中，产地与目的地需求均与各研究单元的每个产业产值相关。这种设定能够比较准确地描述货物流的空间分布格局。在线性框架之下，为实现非线性模型中的这一功能，本研究以研究目标年份既有的产业产值空间布局特征和商业人口空间分布格局为基础，分别设定中间投入产品空间吸引力系数和本地消费需求空间吸引力系数。将模型框架中的中间投入和最终产品空间配置的目的地吸引变量参数化。

对非线性 Lowry 模型框架部分功能的参数化处理是本模型综合已有线性模型和非线性模型的一个突破，综合了两者的优点。在线性模型基础上以发展现状为基础提取影响参数，使线性模型的框架内涵得到丰富，增强线性模型的分析和解释能力；同时保持线性规划的模型框架不变，充分利用了线性模型的高效率运算优势，模型运算时间缩短到 10 分钟以内，增强了模型处理现实问题的能力。

（2）本情景的模拟结果启示。

模型的情景分析验证了本模型以城市市域为研究对象，以乡、镇、街道办为基本分析单元，以城市扣除就业通勤成本、购物通勤成本、中间投入运输成本和本地消费的最终产品运输成本之后的社会纯收入最大化目标为引导，集城市产业、居住空间结构、商业空间结构为一体的模拟分析能力。模型结合现状城市产业部门发展特征和城市基础设施、资源约束等条件，分析在目标函数引导下的城市产业及居住空间分布格局，验证了模型模拟结果与发展现状的一致性，分析模型框架的解释能力，为模型框架的进一步完善和模型实证应用技术路线的推进做好铺垫。

模型的模拟结果表明，本模型的分析优势集中在产业结构竞争机制分析、产业布局竞争机制分析、产业布局对居住用地的竞争机制分析、产业布局对居住用地的布局决定机制分析 4 个方面，旨在揭示城市产业、居住、商业、交通功能之间的相互作用关系。

① 模型能够良好地反映研究对象城市中各产业部门在产业结构、产业空间布局方面的竞争机制。

在本模型框架中，将产业部门的自身特性、研究区域资源环境约束及依据发展目标而制定的政策调整 3 个方面的参数转化为产业部门的综合生产效率，作为其参与部门之间竞争的筹码，在模拟运算过程中可以衍生出城市产业部门之间的总量和空间竞争机制。产业的综合效率与产业自身的用地效率、产业单位产值的劳动力需求量及产业部门社会纯收入转化系数均相关。在产业用地和居住用地相互竞争模式下，产业综合竞争力与其用地效率、产业社会纯收入转化系数呈正相关关系，而与产业单位产值劳动力需求量呈负相关关系。

在产业结构方面，各产业在产业体系中的地位波动明显。服务业中，与北京市企业调查数据中的 2010 年各产业增加值占 GDP 比重相比，其总体比重显著上升。身为基本部门的生产性服务业，在最终输出方面的约束上限非常宽松，促使其增加值占 GDP 比重比 2010 年现状提高了 4.61%。在根据一般服务业的产业特种定位的基础上，对一般服务业最终输出额度进行了严格的限定，一般服务业的增加值比重比 2010 年现状降低了 0.68%。社会服务业在产业综合效率方面较弱于生产性服务业和一般服务业，其增加值比重比 2010 年现状降低了 0.97%。

制造业中，与北京市企业调查数据中的 2010 年各产业增加值占 GDP 比重相比，模型模拟运算的总体比重较 2010 年发展现状显著下降。在依据 2010 年各产业最终输出特性对制造业最终输出额度的严格限定条件下，技术密集型制造业增加值占 GDP 的比重下降了 0.76%，资本密集型制造业增加值占 GDP 的比重下降了 0.02%。劳动密集型制造业则因其总体产业规模较小，而且总体需求较大，获得与现状规模较高的相似性，在模拟结果中的增加值占 GDP 的比重上升了 0.29%。

在产业空间布局方面，产业之间竞争的激烈程度从城市中心区向周边区域逐步降低。本模型框架设定每个乡、镇、街道办的所有产业部门发展规模均不高于该产业的 2010 年规模现状。依据产业空间布局现状特征（图 6-20），模型模拟运算过程中产业的可发展规模上限约束从城市中心区到周边地区逐步降低。因此，在有限的土地资源供给条件下，产业用地的竞争激烈程度也从城市中心区向周边地区逐步降低。

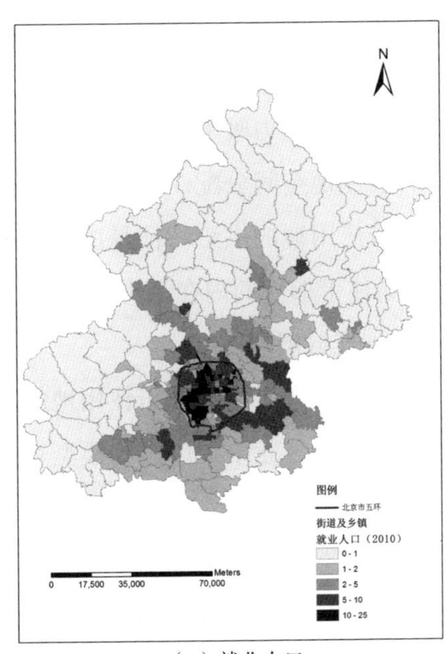

（a）就业人口

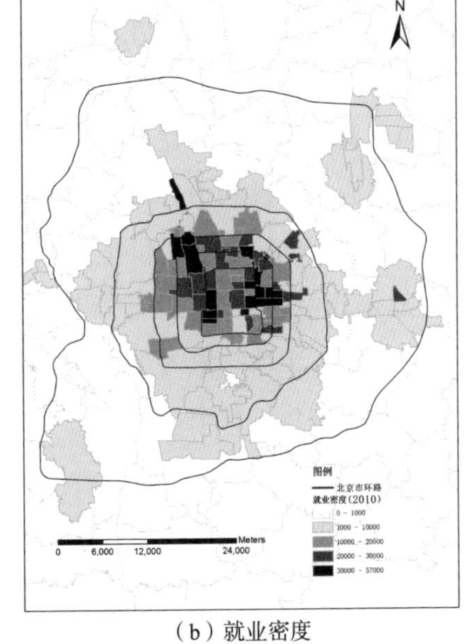

（b）就业密度

图 6-20　2010 年北京市就业人口和就业密度空间布局

数据来源：2010 年北京市企业调查数据。

生产性服务业以其优良的竞争力和充足的发展空间政策支持，在城市中心区的用地竞争中占据绝对优势；在一般服务业被挤占的街道办，几乎都只有生产性服务业获得发展。城市边缘地区因为现状各产业产值所需要的土地量相对于基础数据中的土地供给量较小，因此基本所有的产业规模都达到了其约束上限。

② 产业的空间布局特征、就业通勤成本和居住魅力共同影响着居住人口的空间布局。

在城市系统中，职住通勤时间的可承受范围是非常有限的，90 分钟几乎成了职住通勤可承受范围的上限。调查显示，北京市职住通勤时间在 90 分钟以上的人口仅占抽样调查人口总数的 3.8%。

就业岗位的空间布局决定了职住通勤流中出发地的空间格局，以服务业为主导的产业结构决定了研究目标城市的就业空间布局具有显著的中心指向性［图 6-5（b）］。

居住用地的供给空间布局决定了职住通勤目的地的空间格局，本模型框架构建了以居住用地供给为基础的居住魅力系数。

本模型框架利用重力模型，在居住地的居住魅力吸引力和职住两地距离的阻力共同作用下，完成了就业人口的居住地空间分配。就业人口空间布局的中心指向性和中心城区周边区域的居住用地的供给特征是决定城市中心区居住人口的高密度和外围地区大型居住带形成的内在动力。

③ 城市空间结构的单中心模型特征得到充分展现。

本模型的土地约束为每个乡、镇、街道办的产业用地和居住用地的总量，在模型运行过程中，产业用地和居住用地相互竞争，以达到模型目标函数最大化。

模型模拟结果表明：在这种土地竞争模式下，城市中心区的高效率产业发展使产业用地对居住用地有所挤占，形成城市中心区的就业主导区域。而随着到城市中心区距离的增加，产业用地的拟合度下降速度显著快于居住用地拟合度下降速度（图 6-21），逐步由就业主导区转变为居住主导区。这种特征和北京市就业、居住空间布局特征保持较高的相似性，同时更突出了这种特性。

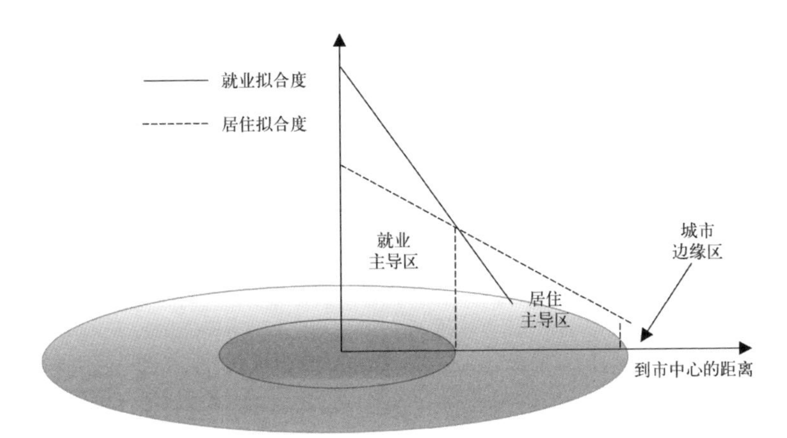

图 6-21　北京市产业用地与居住用地竞争空间布局

数据来源：作者根据实验结果自绘

三环内产业用地的模拟值基本都高于现状值的 120%，随着到城市中心区距离的增加，产业用地的快速下降，当延伸到五环时，已经下降至现状值的 80%，局部地区甚至只有现状值的 50%。五环以外的地区以现状值 50% 为绝对主导。

居住用地的模拟值均低于现状值，在城市中心区的最高值仅为现状值的 70%，在空间布局上也呈随着到城市中心区距离的增加而下降的趋势，但下降速度远远低于产业用地的拟合度。向西南延伸至四环、东北延伸至五环的区域，居住拟合度的下降幅度不到 0.1 个单位。六环以内的绝大多数区域居住用地的模拟值仍然不低于现状值的 50%。

（3）北京市城市空间结构模拟启示。

①“摊大饼”式的城市空间结构是用地效率竞争和交通成本节约共同作用的结果。

由第四章分析可知，北京市的城市空间结构是典型的“摊大饼”式发展模式。北京市的高密度就业区集中分布在四环以内，南三环以北的范围内。而在这种就业空间布局的作用下，北京市居住密度基本上也以就业核心地区为中心向四周逐步降低，但其降低速度相对就业密度比较缓慢（图 6-22）。

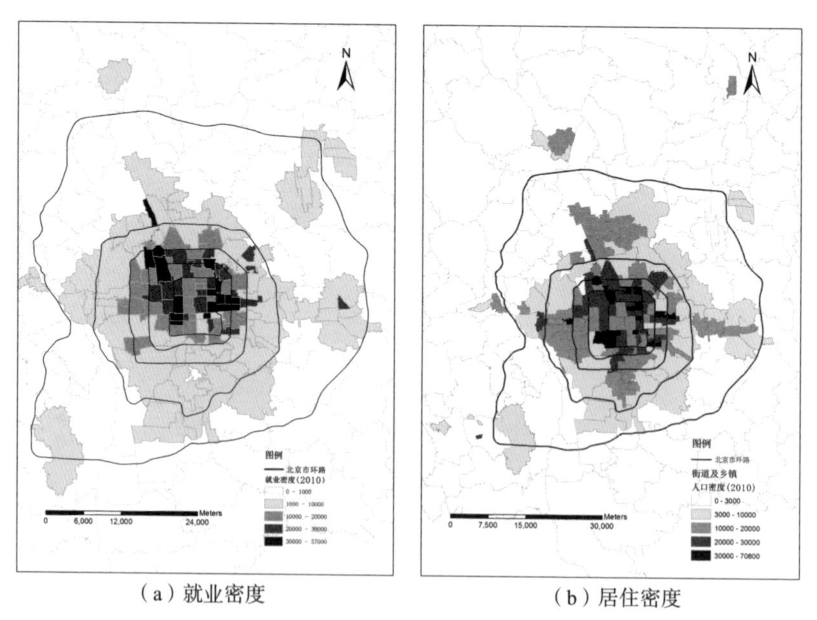

（a）就业密度　　（b）居住密度

图 6-22　2010 年北京市就业密度和居住密度空间布局

数据来源：2010 年北京市企业调查数据。

本模型以北京市产业发展空间布局为现状基础，以 Lowry 模型的框架逻辑为依托，构建了线性规划最优化模型。模型的目标函数为扣除货运成本和通勤成本之后的社会纯收入最大化，约束条件为产业规模、资源供给、产业效率竞争、结构现状。在模型框架中的目标函数最大化目标的驱使下，一方面追求社会纯收入最大化，要求不同产业之间的用地竞争、产业用地与居住用地之间的用地效率激烈竞争；另一方面目标函数需要扣除货物流和通勤流的交通成本，追求交通成本的最小化。

在模型模拟结果中，作为模型产业→就业→居住的逻辑结构运行起点的就业人口的空间布局特征与北京市 2010 年现状对应值的空间布局特征具有良好的相似性（图 6-18）。同时，作为模型产业→就业→居住的逻辑结构和重力模型空间配置最终运行结果的居住人口的空间布局特征与 2010 年现状对应值的空间布局特征也具有良好的相似性（图 6-19）。

模型运算过程中在输入和输出环节与北京市城市空间结构良好的匹配水平充分展示了本模型良好的解释能力，说明模型框架能够比较准确地展示出城市空间结构形成的动力机制。因此，可以说明北京市的城市空间结构是用地效率竞争和交通成本节约共同作用的结果。

② 产业空间布局对城市空间结构具有决定性影响。

产业的空间布局决定着就业人口的空间布局。在本模型模拟结果中，占全市GDP总量78.12%的服务业主要集中在五环以内，形成了以中关村、金融街、CBD以及奥林匹克中心区为主导的北京市中心城区的高密度就业集聚区［图6-23（a）］。与服务业相比，地处外围的制造业组团由于产业规模相对较小，分布相对零散，就业人口规模相对较小［图6-23（b）］。这种就业布局显著的中心指向性限定了职住通勤成本可承受范围内的居住地选择空间导向。

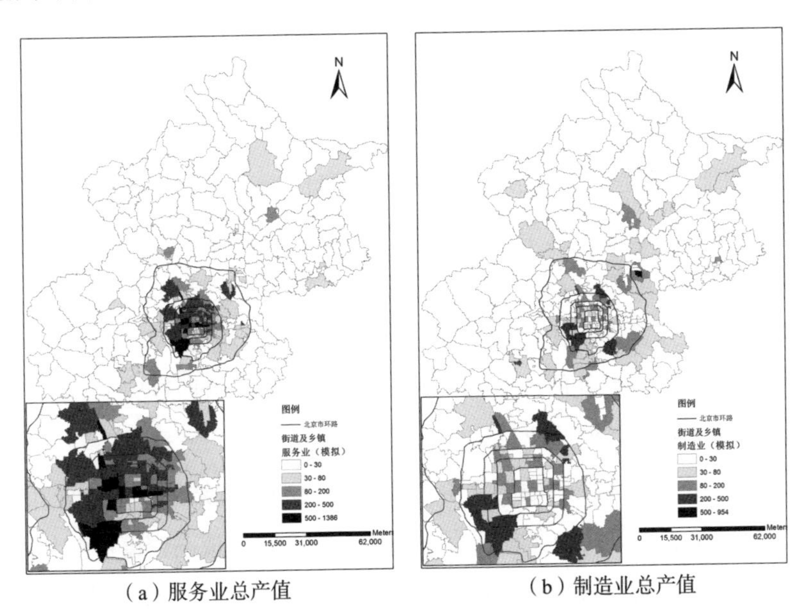

（a）服务业总产值　　（b）制造业总产值

图6-23　2010年北京市服务业和制造业模拟结果空间布局

数据来源：2010年北京市企业调查数据。

此外，产业的空间布局特征也影响着城市的服务设施空间布局。城市中心区高密度的就业和居住降低了服务设施的平均成本，使这些区域形成了比较完善的公共服务系统。这些条件都对就业人口的居住地选择产生很大影响，对周边的就业人口也有很高的居住地选择吸引力。

③ 土地供给对城市空间结构具有基础性影响。

模型模拟结果表明，土地供给的有限性和交通区位的优越性促使用地类型竞争激烈程度与到市中心的距离成反比（图6-10）。在目标函数最大化和各街道办产业发展上限约束的共同作用下，总用地拟合度以中关村、金融街、CBD以及奥林匹克中心区这四大高密度就业集聚区为中心向周边地区逐步递减。

以每个乡、镇、街道办可提供居住用地面积为居住魅力对模型中就业人口的居住地选择空间格局产生了强烈的空间导向作用。在不考虑土地价格因素及周边配套设施等因素影响的情况下，模型模拟结果中居住人口空间布局与现状空间布局具有显著的空间一致性（图 6-7），表明城市规划中对土地资源使用类型的确定为城市功能空间布局框架奠定了基础。北京市城市周边地区的大型居住带形成不仅是土地利用类型之间竞争的结果，也是城市规划对城市功能空间布局规划引导的结果。

④ 用地效率是影响城市空间结构的关键因素。

在激烈的产业用地竞争过程中，产业用地效率较高的行业具有更强的产业用地空间支配权。本研究中，为保持北京市产业最终输出结构，让生产性服务业充分发展，在目标函数的引导下，中心城区土地竞争最激烈的区的生产性服务业对其他产业部门的挤出效应显著，使这些地区的产业仅剩生产性服务业，其他产业总产值为零。

在产业用地和居住用地的竞争过程中，模型模拟结果中的产业用地以CBD、金融街、中关村和奥林匹克中心区为中心，形成高密度产业集聚地。这些区域在用地竞争过程中，产业用地以其竞争优势获得了优先发展权，部分居住用地被迫转换为产业用地，形成位居城市中心区的产业发展优势区，这些区域的实际产业用地量高于本地产业用地供给量的120%。与产业用地相对应，城市居住用地的被利用率受到产业用地的严重排挤，并且呈现从城市中心区到外围地区的圈层分布结构。在模型取得最优解时，居住用地的实际使用量均低于本地居住用地供给量的70%。

本章小结

本章基于北京市产业发展布局现状分析，完成了模型模拟运算的情景设置，模拟分析了在北京市各行业空间格局框架确定情况下的城市产业、居住空间分布特征，总结了模型模拟特性及对城市发展的启示。

（1）模型的情景模拟运算结果不仅充分展示了本模型的结构特征，而且情景分析为北京市城市空间结构分析提供了充分的依据和启示。

在模型结构方面，本模型框架对非线性 Lowry 模型框架部分功能的参数化处理有效地解决了提升线性模型解释能力和提高模型框架的运算效率的矛盾；充分体现了城市系统的产业→就业→居住的逻辑关系和空间配置关系；一定程度上反映了规模报酬递增理论；同时，本模型能否准确地解读城市空间结构依赖于操作者对产业发展现状和产业特性了解的准确程度；而且本研究的模型框架比较适合分析整个城市体系的全局性特征。

在模型的情景模拟方面，本模型的分析优势集中在产业结构竞争机制分析、产业布局竞争机制分析、产业布局对居住用地的竞争机制分析、产业布局对居住用地的布局决定机制分析 4 个方面。旨在揭示城市产业、居住、商业、交通功能之间的相互作用关系。模型的模拟结果表明：①模型能够良好地反映研究对象城市中各产业部门在产业结构、产业空间布局方面的竞争机制；②产业的空间布局特征、就业通勤成本和居住魅力共同影响着居住人口的空间布局；③城市空间结构的单中心模型特征得到充分展现。

根据模型的模拟结果，北京市城市空间结构呈现如下特征：①“摊大饼”式的城市空间结构是用地效率竞争和交通成本节约共同作用的结果。②产业空间布局对城市空间结构具有决定性影响。③土地供给对城市空间结构具有基础性影响。④用地效率是影响城市空间结构的关键因素。

（2）模拟分析不仅良好地展示了 Lowry 模型的模拟分析能力，也反映出模型结构及参数设置等方面的不足，为模型框架的下一步发展指明方向。

本研究中的 Lowry 模型框架良好地反映了研究区域内产业部门之间的关联性、产业部门之间的竞争机制、产业发展的路径依赖特征；展示了模型参数的高敏感性、模型参数设定的概括能力；验证了模型的最佳基本分析单元。

未来，该模型还需要进一步深入研究和完善模型的框架结构；丰富和深化居住魅力系数内涵；深入体现交通拥堵成本；丰富模型框架的应用研究尺度；加强模型模拟系统与模拟结果展示系统的衔接机制；优化已有的静态重力模型的分配方式；探索评价模型框架中各产业的综合经济效率；提高产业竞争力衡量的准确性、构建模型参数所需要的基础数据积累机制；保证模型框架模拟运算的持续性；增强模型框架的指导作用。

第七章　结论与展望

随着城市规模的扩大，城市空间结构日益复杂，准确地把握城市发展规律是我国城市研究工作面临的紧迫课题。面对复杂的城市问题，数学模型以其逻辑稳定性的优势，能够准确地表达影响城市系统运行的核心要素之间的逻辑关系，帮助研究者和决策者们更深入地认识城市系统发展规律，为制定合理的城市规划政策提供科学依据。因此，数学模型必将成为城市研究中的重要工具之一。

本研究以城市土地利用模型系列中的一个著名模型——Lowry 模型为研究对象，在已有的线性 Lowry 模型和非线性 Lowry 模型框架基础上，取两者之长，并引入杜能区位论，构建了线性 Lowry 模型框架，完善模型功能，提高模型运算效率；在模型构建的基础上利用统计数据、投入产出表、企业调查数据等数据来源，完成了模型模拟运算所需的参数设置；最后以北京市的经济发展现状和资源限制为基础，进行了情景模拟分析，探索模型框架的理论和实践分析能力，并在模型模拟的基础上探索了模型的理论和应用研究发展方向。

本研究的分析过程从模型结构架构调整到模型情景设置、相关参数设定均形成了固定的技术流程，不仅使模型在实际应用中的技术流程得到了实践验证，而且为今后的模型实践应用奠定了良好的基础。

第一节　主要结论

一、模型的理论构建

本研究在已有的线性 Lowry 模型和非线性 Lowry 模型框架的基础上，

在目标函数中引入了杜能区位论，调整了模型框架，构建了线性 Lowry 模型框架，进一步完善了模型的分析功能，提高了模型在实际问题分析中的可操作性。具体内容如下：

（1）以杜能区位论为理论基础，以区域地租总额最大化为目标函数。模型引入杜能区位论，以非线性 Lowry 模型框架的目标函数为基础，以每个研究区域的各产业产值为自变量，以扣除中间投入产品运输成本、最终消费品运输成本、就业通勤成本和购物通勤成本之后的社会纯收入达到最大化需求为目标函数。

（2）以线性规划模型为载体贯穿模型框架设计全程。在模型框架方面吸取了 Jun Myung-jin、Moose J E（2002）基于 Lowry 模型框架的线性规划模型相对简单的运算架构，规避了非线性 Lowry 模型运算需求量太高的弊端；汲取了非线性 Lowry 模型中对部分模型参数的改进，规避了线性 Lowry 模型中部分参数的计算和获得方面存在缺陷。以非线性 Lowry 模型的功能特征为依托，以变量参数化为途径，通过设定参数完善模型分析功能。在重力模型空间配置过程中，将非线性 Lowry 模型的部分变量参数化，将模型框架确定为线性规划模式。

（3）以基本 Lowry 模型框架为基础，构建经济总量与资源条件之间的关系桥梁，以城市土地供给约束和各行业最终输出需求为终点，构建了模型分析框架的约束条件体系。

（4）本研究的模型构建过程中充分展示了 Lowry 系列模型良好的可扩展性和应用的广泛性。为拓宽 Lowry 模型框架研究范围提供了良好的借鉴意义，为现有的模型系列框架针对研究对象自身特征以及目标需求进行实时构建奠定基础。

二、模型的参数设置

本研究以北京市投入产出表（2010）、北京市企业调查数据（2010）、北京市 2008 年土地利用现状数据、2004 年北京市道路网络规划等基础数据为支撑，以模型框架的经济社会意义为基础，深入分析了模型框架中每个参数的经济社会含义、现实意义，研究了模型参数获取的技术可行性，对模型所需参数进行设定，形成模型模拟运算的参数体系。参数的设定过程不仅满足了本研究的运算需求，而且形成了 Lowry 模型框架参数设定的技术路线，为本模型框架的实践应用奠定了良好的模拟实现基础。

三、模型的情景模拟分析

本研究基于北京市产业发展空间格局构建了模型框架、约束条件和模拟情景设置，模拟分析了在北京市各行业空间格局框架确定情况下的城市产业、居住空间分布特征，总结了模型模拟特性及对城市发展的启示。基于北京市发展现状的情景设置和情景分析，模型对城市空间结构形成的内在机制模拟和解释的准确性得到良好的展示。

（1）在模型结构方面，本模型框架对非线性 Lowry 模型框架部分功能的参数化处理有效地解决了提升线性 Lowry 模型解释能力和提高模型框架的运算效率的矛盾；充分体现了城市系统的产业→就业→居住的逻辑关系和空间配置关系；一定程度上反映了规模报酬递增理论。同时，模型的模拟结果表明，本模型能否准确地解读城市空间结构依赖于操作者对产业发展现状和产业特性了解的准确程度；而且本研究的模型框架比较适合分析整个城市体系的全局性特征。

（2）在模型的情景模拟方面，本模型的分析优势集中在产业结构竞争机制分析、产业布局竞争机制分析、产业布局对居住用地的竞争机制分析、产业布局对居住用地的布局决定机制分析 4 个方面。旨在揭示城市产业、居住、商业、交通功能之间的相互作用关系。模型的模拟结果表明：①模型能够良好地反映研究对象城市中各产业部门在产业结构、产业空间布局方面的竞争机制。在产业结构方面，各产业在产业体系中的地位波动明显；在产业空间布局方面，产业之间竞争的激烈程度从城市中心区域向周边区域逐步降低。②产业的空间布局特征、就业通勤成本和居住魅力共同影响着居住人口的空间布局。③城市空间结构的单中心模型特征得到充分展现。

（3）根据模型的模拟结果，北京市城市空间结构呈现如下特征：

①“摊大饼”式的城市空间结构是用地效率竞争和交通成本节约共同作用的结果。在模型模拟结果中，作为模型产业→就业→居住的逻辑结构运行起点的就业人口的空间布局特征和作为模型产业→就业→居住的逻辑结构和重力模型空间配置最终运行结果的居住人口的空间布局特征与北京市 2010 年现状对应值的空间布局特征均展示出良好的相似性。模型运算过程中在输入和输出环节与北京市城市空间结构良好的匹配水平充分展示了本模型良好的解释能力，说明模型框架能够比较准确地展示出城市空间结构形成的动力机制。

② 产业空间布局对城市空间结构具有决定性影响。在本模型模拟结果中，占全市 GDP 总量 78.12%的服务业主要集中在五环以内，形成了以中关村、金融街、CBD 以及奥林匹克中心区为主导的北京市中心城区的高密度就业集聚区。与服务业相比，地处外围的制造业组团由于产业规模相对较小，分布相对零散，就业人口规模相对较小。这种就业布局显著的中心指向性限定了职住通勤成本可承受范围内的居住地选择空间导向。

③ 土地供给对城市空间结构具有基础性影响。在模型社会纯收入最大化的目标函数引导下，土地供给的有限性和交通区位的优越性促使用地类型竞争激烈程度与到城市中心的距离成反比。同时，以每个乡、镇、街道办可提供居住用地面积为居住魅力对模型中就业人口的居住地选择空间格局产生了强烈的空间导向作用。

④ 用地效率是影响城市空间结构的关键因素。产业用地之间的竞争中，以目标函数为引导，在中心城区土地竞争最激烈的地区，生产性服务业对其他产业部门的挤出效应显著，使这些地区的产业仅剩生产性服务业，其他产业总产值为零。在产业用地和居住用地的竞争过程中，模型模拟结果中的产业用地以 CBD、金融街、中关村和奥林匹克中心区为中心，形成高密度产业集聚地，这些区域在用地竞争过程中，产业用地以其竞争优势获得了优先发展权，部分居住用地被迫转换为产业用地，形成位居城市中心区的产业发展优势区。

第二节　研究展望

一、未来模型框架优化的研究方向

理论和实证研究分析表明，本研究模型框架的一些结构还需要进一步调整和升级，如模型中的静态重力模型的分配方式存在其刚性的不足、有些经济社会特征（如交通拥堵）在模型运算中还不能够得到良好地体现，同时，模型分析和其他研究分析平台的一体化分析系统还没有形成。

未来需要进一步深化模型框架研究，完善模型框架结构和模型的分析功能，进一步增强模型的分析能力。第一，在线性框架下扩展模型框架功能，使模型在保持较高运算效率的同时分析能力得到进一步提升。第二，与线性模型框架对应，完善非线性模型的模型框架和算法结构，提高模型运算效率，完善 Lowry 模型框架的实际应用能力。第三，在实例基础上结合 GIS 系统构建城市空间格局效率评价系统，完善模型模拟系统与模拟结果展示系统的衔接机制，增强模型模拟分析的直观性，扩展其适用范围。第四，在模型框架扩展的过程中将模型发展与模型实证有机结合，形成模型理论扩展和模型实证验证的动态作用机制。

二、未来模型参数设定的研究方向

本研究在 Lowry 模型的实证研究方面取得了显著进展，而实践证明，在实证研究中模型特性的部分参数设定方面还不够成熟。

（1）在参数的内涵方面，模型框架中的部分参数的内涵设定还需要进一步深化和丰富。

模型参数含义的准确性直接影响着模型的解释能力。本模型中居住魅力设定的优点是操作简单、考虑最主要的因素，其不足则是忽略了与居住地的住房（房屋楼盘价格水平或房租价格水平）成本、居住地周边的基础设施环境等因素对居住魅力的影响。此外，现实经济社会系统中的产业综合效率不仅仅是要考虑经济效率，其战略意义远远高于存在的直接经济价值，如教育等。本模型框架对这类型产业的竞争力描述不够全面。未来的模型研究中需要在这方面进一步深化研究。

（2）在模型参数设定的数据来源方面，需要构建模型参数设置所需的基础数据积累机制。

参数的设定主要来源于研究对象的数据支撑。在模型所需的社会经济基础数据方面还比较薄弱，数据积累较少。基础数据方面的缺失直接影响着模型相关参数的准确性和可靠性，进而影响整个模型框架的解释能力。

基础数据主要面临以下矛盾：已有数据的宏观性与数据需求的微观性之间的矛盾、数据需求量与数据来源机制之间的矛盾、长期历史数据的需求与数据积累机制尚未形成之间的矛盾。

在模型构建所需的区域特性参数方面，未来模型实证研究中需要通过扩展调查范围、深化调查对象研究和增加调查手段等，获取准确的第一手调查数据，保证获取的参数能够准确、客观地反映出研究对象的现状特征。同时，增强参数来源机制和数据库建设机制，保持基础数据库的稳定性和持续性。理顺模型需求参数之间的相互依存关系，为进一步研究和发展模型奠定基础。

三、未来模型情景模拟的研究方向

情景模拟分析是模型实际应用的重要分析手段。在模型给定的运算规则下，可以依据研究对象城市的未来发展方向和未来规划设想进行情景设置，利用本模型框架逻辑可以对指定情景下城市空间结构特征做出良好的模拟。特定情景假设前提下的模拟结果可以预测在规划工作中出台某种政策或改变某种前提会产生什么样的后果。这种结论将有助于决策者进行前景预判，提升规划决策依据的可靠性和规划决策的科学性。

在模型的情景模拟过程中，既要考虑研究对象区域的发展目标导向，准确地把握情景设置过程中所需要调整的相关参数目录，也要结合模型自身结构特征，把握模型对所设参数的敏感性。

Lowry 模型框架的开放性促使其情景模拟运算可以从多个角度展开。面对未来更广阔的应用前景，在控制情景设置参数方面，需要通过情景之间的可比性测试研究，详细明确各类情景控制参数的敏感性，突出情景之间的差异性，增强模型的分析能力。在此基础上形成模型模拟参数设定机制，积累模型情景模拟参数设定基础数据库，为拓展模型的应用范围、形成模型的应用设置规范奠定基础。

附　　录

附表：模型部分基本参数设定

乡、镇、街道办	劳动密集型制造业中间投入需求系数	资本密集型制造业中间投入需求系数	技术密集型制造业中间投入需求系数	其他行业中间投入需求系数	一般服务业中间投入需求系数	生产性服务业中间投入需求系数	社会服务业中间投入需求系数	居住魅力（H）	商业魅力（S）
十渡镇	0.1593	0.0000	0.3041	0.2790	0.1085	0.1521	0.5403	0.0101	0.0213
张坊镇	0.2186	0.1249	0.0129	0.2744	0.1445	0.1376	0.1856	0.0900	0.0281
蒲洼乡	0.0418	0.0000	0.0000	0.3929	0.0619	0.0951	0.2405	0.0095	0.0382
霞云岭乡	0.1283	0.2233	0.0553	0.3221	0.0523	0.0622	0.1701	0.0295	0.0081
史家营乡	0.2915	0.1542	0.0000	1.2945	0.1067	0.1218	0.1024	0.0095	0.0361
清水镇	0.1715	0.0417	0.1289	0.6166	0.1601	0.2154	0.0972	0.0461	0.0743
斋堂镇	0.1366	0.0796	0.0700	0.2654	0.1860	0.1973	0.4942	0.0095	0.0718
大石窝镇	0.5932	0.1358	0.1131	0.3352	0.2527	0.1737	0.3661	0.0910	0.0318
长沟镇	1.2004	0.4711	0.0666	0.4844	0.1863	0.1982	0.3123	0.2393	0.0342
韩村河镇	1.0381	0.1504	0.2159	0.3933	0.2357	0.3468	0.2833	0.0095	0.0348

续表

乡、镇、街道办	劳动密集型制造业中间投入需求系数	资本密集型制造业中间投入需求系数	技术密集型制造业中间投入需求系数	其他行业中间投入需求系数	一般服务业中间投入需求系数	生产性服务业中间投入需求系数	社会服务业中间投入需求系数	居住魅力（H）	商业魅力（S）
周口店地区	1.6580	0.7361	0.1949	0.4741	0.6422	0.3026	0.2455	1.2335	0.2382
石楼镇	0.9961	0.4351	0.5522	4.5828	0.2633	0.2978	6.2015	0.0419	0.0585
琉璃河地区	1.7628	0.5725	0.4601	0.6658	0.9649	0.3075	0.6473	0.8615	0.3840
窦店镇	1.0740	0.6053	0.5395	5.5262	1.0945	0.4851	0.8830	1.1167	0.4509
良乡地区	1.5319	1.5361	2.4389	5.1197	1.8428	1.8099	1.2549	5.7149	0.3592
庞各庄镇	1.0927	2.5095	1.1864	0.7104	0.9957	0.5909	0.3318	0.8369	0.4756
北臧村镇	0.9912	0.3400	0.4095	0.4912	0.3802	0.2998	0.4452	0.0095	0.1116
榆垡镇	1.2202	1.2252	1.0175	0.3665	0.6355	0.7027	0.4293	0.0682	0.1776
礼贤镇	0.6325	0.4381	0.1030	0.5374	0.5501	0.3902	0.4461	0.0909	0.2268
林校路街道	2.2282	1.6808	2.0675	0.8276	1.1315	0.7783	0.9097	0.6923	0.5988
魏善庄镇	1.2484	1.1602	0.7871	0.5861	0.4612	0.3777	0.2875	0.6158	0.1130
安定镇	0.5307	0.8949	0.1084	0.5052	0.3029	0.4174	0.2757	0.2002	0.0738
青云店镇	2.4508	1.1254	1.0581	0.5213	0.4356	0.2765	0.7023	0.0468	0.0667
长子营镇	0.7356	1.0479	0.8183	1.1138	0.5598	0.4687	0.3935	0.1104	0.2363
南窖乡	0.0337	0.0000	0.0000	0.3004	0.1530	0.0339	0.1358	0.0151	0.1458

续表

乡、镇、街道办	劳动密集型制造业中间投入需求系数	资本密集型制造业中间投入需求系数	技术密集型制造业中间投入需求系数	其他行业中间投入需求系数	一般服务业中间投入需求系数	生产性服务业中间投入需求系数	社会服务业中间投入需求系数	居住魅力（H）	商业魅力（S）
大安山乡	0.3416	0.6665	0.0000	1.6274	0.0668	0.2477	0.0000	0.0095	0.0101
向阳街道	0.2096	5.2965	0.1285	0.1415	0.7874	0.2669	0.5067	0.0095	1.7593
东风街道	0.3461	1.2737	0.2855	0.9067	0.5298	0.3516	0.6538	1.3271	0.2834
河北镇	1.2038	0.2839	0.0871	0.1923	0.1174	0.2708	0.4336	0.0847	0.0161
佛子庄乡	0.1066	0.0993	0.0000	0.3923	0.1830	0.1182	0.1476	0.0201	0.0924
大台街道	0.1524	0.0000	0.0000	0.0031	0.0382	0.1239	0.3646	0.0095	0.0023
雁翅镇	0.0538	0.0000	0.1219	0.1037	0.0725	0.2129	0.3061	0.0231	0.0143
迎风街道	1.2719	12.4376	0.7477	1.1425	2.1011	0.8098	3.5088	1.1804	3.3808
城关街道	1.3189	3.7029	1.8328	1.1269	1.4585	1.0413	0.8798	4.3966	0.5374
新镇街道	0.0757	0.1212	0.1058	0.0000	0.0440	0.0618	0.0000	0.0953	0.0040
星城街道	0.0000	0.0000	0.0000	0.0000	0.0706	0.2829	0.1384	0.6097	0.0007
闫村镇	1.1208	1.6592	0.5434	1.2909	2.2650	0.7439	0.3680	0.4290	2.5970
青龙湖镇	1.4708	0.2393	0.4436	0.3291	0.3104	0.2644	0.3757	0.0770	0.0487
潭柘寺镇	0.3285	0.1424	0.0263	0.1644	0.1029	0.1711	0.2954	0.0907	0.0232
王平地区	0.2375	0.2016	0.0814	0.4695	0.1573	0.2219	0.4367	0.0095	0.0977

续表

乡、镇、街道办	劳动密集型制造业中间投入需求系数	资本密集型制造业中间投入需求系数	技术密集型制造业中间投入需求系数	其他行业中间投入需求系数	一般服务业中间投入需求系数	生产性服务业中间投入需求系数	社会服务业中间投入需求系数	居住魅力（H）	商业魅力（S）
王佐镇	0.5396	0.2937	0.5262	0.3892	0.9899	0.3079	0.3953	0.3525	0.4425
云岗街道	0.6078	0.9946	1.1666	1.9426	0.3242	0.7955	0.3500	0.7073	0.0458
永定镇	1.7101	1.5410	1.3599	0.7024	1.5040	1.7418	0.9125	0.6302	1.3079
东辛房街道	0.6727	0.3449	0.6578	0.3471	0.3888	0.4288	0.9848	0.5026	0.1346
龙泉镇	1.7977	0.4344	0.8178	1.8688	0.7355	0.5125	0.4719	0.6327	0.3619
大峪街道	1.0490	0.2660	0.7057	3.8877	1.2604	0.9671	2.8721	2.3214	0.4676
城子街道	1.0042	0.9810	0.3185	0.3310	0.4487	0.4920	0.4607	0.4605	0.1385
长辛店街道	1.5954	0.7825	2.6872	0.5233	0.7957	1.5806	0.5787	1.4456	0.1104
古城街道	1.7707	3.1127	1.5244	2.3355	1.8276	1.0073	0.6594	1.3296	1.3361
广宁街道	0.3911	0.1620	0.4005	2.5163	0.3857	0.1874	0.5580	0.2466	0.2126
金顶街街道	0.7039	0.4354	1.4774	0.9412	0.4090	0.7823	0.4095	1.7056	0.0386
五里坨街道	0.4704	0.4921	0.5166	2.0479	0.3561	0.3734	0.2817	0.3087	0.0828
妙峰山镇	0.4979	0.0888	0.2214	0.1418	0.2013	0.2389	0.3102	0.0095	0.0474
流村镇	0.3961	0.4100	0.2779	0.0963	0.0730	0.1855	0.3088	0.0652	0.0050
军庄镇	0.8401	0.0000	0.0856	0.1274	0.1580	0.1246	0.2902	0.0438	0.0433

续表

乡、镇、街道办	劳动密集型制造业中间投入需求系数	资本密集型制造业中间投入需求系数	技术密集型制造业中间投入需求系数	其他行业中间投入需求系数	一般服务业中间投入需求系数	生产性服务业中间投入需求系数	社会服务业中间投入需求系数	居住魅力（H）	商业魅力（S）
苏家坨镇	0.8240	0.2316	0.4514	0.3120	0.5755	0.4071	1.5102	0.2302	0.0424
阳坊镇	0.9597	0.4194	1.0030	1.0478	0.7333	0.1651	0.2379	0.0278	0.5460
康庄镇	1.0935	0.0694	1.2407	1.0052	0.1699	0.2795	0.3917	0.0976	0.0165
张山营镇	0.4333	0.0000	0.0712	0.2544	0.1481	0.0999	0.3995	0.0095	0.0201
八达岭镇	0.9172	0.3746	0.4919	0.4010	0.5223	0.5864	0.4817	2.0458	0.7958
大榆树镇	0.6026	2.2878	0.2706	0.3633	0.1600	0.1208	0.3506	0.3255	0.0283
延庆镇	3.6136	1.0782	0.8385	1.5971	0.8514	0.8438	1.1100	3.6264	0.0910
南口地区	2.1246	0.4332	1.9823	0.4473	0.3924	0.4424	1.3853	5.6277	0.0472
沈家营镇	0.5535	0.0218	0.1616	0.1514	0.0847	0.1838	0.0921	0.0095	0.0149
井庄镇	0.4982	0.0721	0.1237	0.2398	0.6738	0.0946	0.2006	0.0493	1.1303
旧县镇	0.3605	0.0158	0.0645	0.7660	0.1094	0.0917	0.1143	0.0504	0.0132
长阳镇	1.1904	0.6353	0.5756	1.2690	0.4870	0.8629	1.2508	1.6344	0.0845
宛平城地区	0.7716	0.4315	1.6384	0.2695	1.6106	0.3742	0.3040	0.9788	1.1663
黄村镇	2.8924	4.9835	1.8414	1.2340	0.9254	0.6201	1.9413	0.3825	0.1239
八角街道	1.2826	5.7265	2.7280	4.0594	1.0877	1.6020	0.8047	2.1667	0.2187

续表

乡、镇、街道办	劳动密集型制造业中间投入需求系数	资本密集型制造业中间投入需求系数	技术密集型制造业中间投入需求系数	其他行业中间投入需求系数	一般服务业中间投入需求系数	生产性服务业中间投入需求系数	社会服务业中间投入需求系数	居住魅力（H）	商业魅力（S）
鲁谷街道	0.7654	0.4034	0.8144	2.0832	1.2261	1.5241	1.0751	2.4847	0.3720
老山街道	0.2181	0.0000	2.4168	2.1083	1.1529	0.2885	0.5937	0.7723	0.7591
苹果园街道	1.0601	1.0960	1.6711	2.1440	1.3904	1.2008	1.6170	2.3568	0.2734
卢沟桥街道	4.7122	1.0077	5.4664	4.7585	2.8211	2.9337	1.6271	7.8382	0.5139
八宝山街道	1.0616	0.4863	2.6437	0.5706	1.0389	0.8013	0.7335	1.8304	0.4813
丰台街道	1.6408	1.1807	1.9182	3.1100	2.9080	2.7805	1.1954	3.5203	1.4086
永定路街道	0.3143	0.2698	1.9358	0.1683	1.8900	1.2701	0.3463	0.8190	1.7529
万寿路街道	2.2398	2.0534	1.4222	4.0615	4.5656	2.7469	2.8866	4.7023	1.4553
田村路街道	2.1027	0.3983	1.3587	0.7003	1.1315	1.2104	0.6680	2.8429	0.2601
四季青镇	1.2800	0.8347	1.6867	3.8885	2.0821	2.9416	1.3915	2.7797	0.6059
曙光街道	0.6907	0.3095	1.8120	1.7395	2.3369	3.0955	2.0521	3.8696	1.1677
兴丰街道	4.4293	1.3210	2.3371	2.7681	2.5521	1.1598	3.4922	3.3141	1.0104
清源街道	2.2061	2.8499	1.3311	1.1883	1.4311	1.4027	0.4792	3.4780	0.4747
新村街道	6.9962	5.9685	6.4759	5.6890	4.8485	5.1345	1.5159	7.8942	1.9071
西红门镇	3.4598	1.3842	1.2792	0.8875	1.1924	1.0076	0.2830	1.9285	0.2473

续表

乡、镇、街道办	劳动密集型制造业中间投入需求系数	资本密集型制造业中间投入需求系数	技术密集型制造业中间投入需求系数	其他行业中间投入需求系数	一般服务业中间投入需求系数	生产性服务业中间投入需求系数	社会服务业中间投入需求系数	居住魅力（H）	商业魅力（S）
南苑街道	1.7889	0.4055	2.6100	0.4959	0.6746	0.3363	0.4323	0.5148	0.0589
马家堡街道	0.7097	0.0540	0.7853	1.2550	1.4246	2.7166	0.4966	4.3457	0.3226
和义街道	0.8974	0.0235	0.0218	0.1761	0.3662	0.5540	0.0853	0.9439	0.0752
西罗园街道	0.6701	0.1931	1.1582	1.7212	2.7335	1.0851	0.7906	2.5961	0.3678
大红门街道	1.9536	1.3831	1.2488	1.5836	1.8655	2.6237	0.6197	4.9537	0.3966
羊坊店街道	2.3045	1.8007	1.3520	2.7343	4.4061	3.8917	1.4193	3.5059	3.3193
太平桥街道	1.4126	0.4226	1.1141	1.6991	2.0615	2.4209	3.4658	3.4423	1.4977
广安门外街道	1.3603	2.6300	3.2566	2.4909	5.0793	4.2839	1.3234	6.0878	3.0014
月坛街道	0.9495	0.1545	4.4104	2.9046	3.1467	3.5196	3.2087	2.9395	1.9144
八里庄街道	0.9380	0.8496	1.0463	1.8552	1.9765	1.6981	1.8405	3.9749	0.5736
紫竹院街道	3.3728	2.2115	1.3811	1.4938	1.9546	4.1724	1.6693	2.8292	0.5678
万柳地区	0.3932	1.6818	0.2125	0.1752	0.5154	1.0351	0.7187	2.1263	0.1441
海淀街道	2.0303	3.8060	4.3502	2.5343	4.2894	4.7213	3.3907	3.0115	3.0164
甘家口街道	4.8495	2.0975	4.3568	4.0157	6.2120	4.7680	1.6174	3.1191	7.5909
展览路街道	3.6684	3.2403	1.5130	4.1838	4.3071	4.8696	1.6181	3.3629	3.3616

续表

乡、镇、街道办	劳动密集型制造业中间投入需求系数	资本密集型制造业中间投入需求系数	技术密集型制造业中间投入需求系数	其他行业中间投入需求系数	一般服务业中间投入需求系数	生产性服务业中间投入需求系数	社会服务业中间投入需求系数	居住魅力（H）	商业魅力（S）
北下关街道	1.9194	2.1876	3.9874	3.7324	5.4987	3.4342	2.0710	2.9656	3.3371
双榆树街道	1.0949	0.6414	5.0363	0.6627	2.6657	2.6294	1.3888	1.8447	5.8011
中关村街道	2.5566	1.6415	1.6187	1.3945	2.6062	4.1035	1.8178	1.5645	0.4689
右安门街道	0.4073	0.3662	0.8041	0.4204	1.9234	1.2795	1.3934	1.9163	0.9753
白纸坊街道	3.7217	0.6640	1.2728	3.4384	1.6750	1.7799	0.7321	2.6287	0.4767
牛街街道	2.0048	0.2571	0.2849	1.8985	1.6557	2.3578	0.9794	1.5285	1.2227
广安门内街道	1.5081	1.0521	0.7294	1.0025	3.7411	2.0720	1.0540	1.8028	1.5818
金融街街道	6.1553	0.5462	2.5668	7.7370	5.0078	7.7825	2.0180	1.8262	8.4754
陶然亭街道	0.2048	0.2351	0.2618	0.5370	0.9358	1.0706	2.6778	1.0539	0.2705
天桥街道	0.5463	0.2764	4.7145	0.3206	1.6434	1.4183	0.7195	1.0499	1.2351
永定门外街道	1.9738	1.8334	1.1679	1.3428	1.5765	1.2164	0.8064	2.3778	0.5785
椿树街道	0.6045	0.4791	0.3518	0.2266	2.5699	2.0942	1.8651	0.7503	0.9142
大栅栏街道	0.5117	0.0540	0.6257	0.2546	1.0006	1.0558	0.5001	0.7014	0.2825
西长安街街道	0.3904	0.8566	0.3218	6.6621	4.4906	2.4575	1.2356	1.0082	6.4409
前门街道	0.2343	0.0352	0.1521	0.1620	0.7304	0.5772	0.3674	0.4129	0.3541

续表

乡、镇、街道办	劳动密集型制造业中间投入需求系数	资本密集型制造业中间投入需求系数	技术密集型制造业中间投入需求系数	其他行业中间投入需求系数	一般服务业中间投入需求系数	生产性服务业中间投入需求系数	社会服务业中间投入需求系数	居住魅力（*H*）	商业魅力（*S*）
新街口街道	1.7012	1.4392	0.7773	4.0791	2.9397	3.4662	1.7720	2.3115	2.1041
北太平庄街道	3.5368	1.5790	0.9981	2.5620	2.1774	2.8976	1.2096	3.8292	0.5454
花园路街道	1.4614	1.1534	1.7455	2.4524	2.3132	2.8721	1.8222	2.9333	0.7826
什刹海街道	1.7085	0.3247	2.8466	0.6235	2.9603	2.0408	1.7920	1.6620	0.9306
德胜门街道	4.0504	1.0444	1.8776	3.5563	4.0336	3.0682	4.5326	3.3206	3.3325
安贞街道	0.5628	3.5876	0.5684	1.0319	2.5942	2.6188	0.9835	1.9235	2.2255
亚运村街道	1.0562	2.3128	1.8279	2.0346	3.3183	4.3019	2.9567	2.4721	3.5561
香山街道	0.1672	0.0721	0.1145	0.3274	0.2986	0.5594	0.9462	0.2435	0.0087
温泉镇	0.9433	0.3720	0.5516	0.2667	0.4057	0.3566	1.4490	1.2559	0.0753
青龙桥街道	0.5490	0.0579	0.7628	0.3182	0.6393	0.5704	0.4955	1.3404	0.0284
马连洼街道	0.7027	0.3437	0.0870	0.5072	0.4306	1.3517	0.3069	1.9539	0.0314
西北旺镇	1.4202	0.7753	2.7275	0.6032	1.0010	1.7442	12.4219	1.8138	0.1635
上庄镇	0.6563	0.5218	0.2897	0.3727	0.1449	0.3682	0.2695	0.3817	0.0103
马池口地区	2.3694	2.4955	0.9547	0.4454	0.5885	0.5528	0.4813	0.7422	0.1132
城南街道	1.3415	1.2006	1.3497	0.6522	0.5503	1.2512	0.9255	1.8568	0.1204

续表

乡、镇、街道办	劳动密集型制造业中间投入需求系数	资本密集型制造业中间投入需求系数	技术密集型制造业中间投入需求系数	其他行业中间投入需求系数	一般服务业中间投入需求系数	生产性服务业中间投入需求系数	社会服务业中间投入需求系数	居住魅力（H）	商业魅力（S）
城北街道	2.5662	2.2582	2.7903	5.9895	2.0092	2.1421	3.3284	5.6407	0.2745
燕园街道	0.3104	0.1978	2.7158	0.0343	1.8080	1.5487	1.8474	0.3404	2.1008
清华园街道	0.1298	1.1627	0.6672	0.6320	0.4470	2.2048	1.3085	0.7834	0.0732
上地街道	1.5471	1.8090	6.0029	1.0736	3.0661	4.6855	1.6935	0.6910	2.2611
清河街道	3.5037	5.1210	1.1803	0.8143	1.6541	1.1049	0.7873	2.7873	0.4790
回龙观地区	1.0400	1.6392	1.3646	1.2744	2.5066	2.3286	0.8722	8.7068	0.4966
学院路街道	1.6409	2.2669	4.9551	1.8235	2.9226	4.2241	2.4078	4.6300	0.8233
西三旗街道	2.0293	1.3395	0.9474	0.6191	0.8736	1.5866	0.9511	3.2120	0.1196
奥运村街道	1.3825	0.8215	1.6034	1.8290	2.2387	2.9009	3.4590	4.6730	1.0336
东升地区	0.7071	0.3814	0.4740	0.4513	0.6214	1.1046	0.8239	0.6618	0.1655
沙河地区	4.0186	1.3428	4.2568	0.9285	1.1611	0.7441	0.7555	1.0372	0.2967
南邵镇	0.6150	0.5468	0.6183	0.2996	0.1766	0.2706	0.3274	0.7562	0.0313
百善镇	1.0792	0.6703	0.3068	0.1549	0.2341	0.2984	0.2134	0.2043	0.0619
崔村镇	0.8046	0.4658	0.3205	0.1488	0.1646	0.1898	0.3370	0.0095	0.0114
旧宫镇	2.6300	1.2862	1.2790	1.3938	1.1716	0.8100	0.5041	3.3909	0.1626

续表

乡、镇、街道办	劳动密集型制造业中间投入需求系数	资本密集型制造业中间投入需求系数	技术密集型制造业中间投入需求系数	其他行业中间投入需求系数	一般服务业中间投入需求系数	生产性服务业中间投入需求系数	社会服务业中间投入需求系数	居住魅力（H）	商业魅力（S）
东高地街道	0.3437	0.1130	1.9473	0.5959	0.5267	1.0931	0.5693	1.2002	0.1261
东铁匠营街道	1.6800	3.4792	1.8032	1.6860	1.6249	1.7264	0.9619	4.9010	0.3897
小红门地区	2.3780	0.7139	1.2405	0.8770	1.0731	1.0004	0.6675	0.2414	0.4910
瀛海镇	2.8204	1.2945	0.9171	0.4517	0.5119	0.4099	0.8954	0.1819	0.1252
亦庄镇	4.0101	3.9719	7.3744	0.9415	1.0938	1.5633	0.7627	4.3133	0.2251
十八里店地区	2.0958	1.3605	1.0757	1.1525	2.2415	1.4616	1.5812	1.6552	0.5802
天坛街道	0.8639	0.0653	0.4716	2.3789	1.5868	1.0111	1.4275	0.8139	1.1902
方庄地区	1.0862	0.8440	2.4909	0.6928	3.0617	1.9346	1.3182	2.9312	0.8283
体育馆路街道	1.0586	0.6577	0.3082	0.9160	1.2912	2.3769	0.6413	0.8785	0.9118
崇文门外街道	1.3343	1.0484	0.3283	4.4961	1.7103	2.1474	1.0996	1.4593	1.2670
东华门街道	2.1224	0.8958	3.7802	1.7190	5.2623	4.3134	2.4051	0.9502	2.5057
建国门街道	0.3324	0.3239	0.1995	1.5523	5.1747	7.1737	2.9316	0.9755	9.0256
朝阳门街道	0.2413	0.1426	0.1485	0.2319	0.7207	2.3423	0.5483	0.8871	0.2664
龙潭街道	0.9790	0.2335	1.1862	1.6130	1.6165	2.8009	1.4635	1.7861	1.0713
潘家园街道	4.8117	0.0973	0.3469	0.9701	1.9946	2.4211	2.9895	3.1970	0.7118

续表

乡、镇、街道办	劳动密集型制造业中间投入需求系数	资本密集型制造业中间投入需求系数	技术密集型制造业中间投入需求系数	其他行业中间投入需求系数	一般服务业中间投入需求系数	生产性服务业中间投入需求系数	社会服务业中间投入需求系数	居住魅力（H）	商业魅力（S）
东花市街道	0.4656	0.1214	0.1771	0.4001	1.6715	1.2904	0.5945	2.4780	1.2473
朝外街道	2.5566	1.7459	1.5268	2.6366	3.6876	4.1905	1.4685	1.2925	7.8674
建外街道	4.2773	5.5821	1.8779	4.3957	6.0137	5.7813	7.0360	2.2558	18.6936
景山街道	1.3447	0.1396	0.5385	1.1430	2.1152	1.7896	0.8984	0.6620	1.7128
交道口街道	0.4215	0.2952	0.7950	1.0493	0.5711	1.8699	0.8964	0.7418	0.1312
安定门街道	1.7155	0.1021	0.3453	0.2060	1.5306	1.9791	0.6878	0.7733	1.2739
和平里街道	1.2646	3.1165	2.9713	4.3600	4.5056	3.8406	1.7118	3.4016	4.3530
东四街道	0.2732	2.9400	0.8562	3.1490	2.5227	3.3826	2.9406	0.8927	3.3685
北新桥街道	1.8222	2.9963	0.5041	2.7633	1.7966	4.4994	1.4771	1.4895	0.4741
和平街街道	0.9275	7.2238	2.6594	2.7276	3.5586	3.2415	2.7270	2.5056	2.6567
小关街道	0.7422	2.5584	0.8707	1.9023	3.9887	1.7182	1.3414	1.8783	3.9786
东直门街道	0.9528	0.3827	0.8336	2.8032	2.8654	3.3634	2.3701	1.8519	2.0615
三里屯街道	1.1547	1.4032	1.2102	0.9448	2.0744	2.5370	1.0145	1.4489	1.7731
左家庄街道	1.3643	1.1159	2.1403	3.8939	4.8870	3.2551	6.5724	2.9064	6.0352
香河园街道	1.4312	0.7898	0.3386	1.7258	1.1920	1.9940	1.0259	1.7809	0.5715

续表

乡、镇、街道办	劳动密集型制造业中间投入需求系数	资本密集型制造业中间投入需求系数	技术密集型制造业中间投入需求系数	其他行业中间投入需求系数	一般服务业中间投入需求系数	生产性服务业中间投入需求系数	社会服务业中间投入需求系数	居住魅力（*H*）	商业魅力（*S*）
太阳宫地区	1.0025	0.1773	0.5775	1.4831	2.4935	2.7112	0.8634	2.7187	2.1252
劲松街道	1.2165	1.4666	1.1684	0.8659	2.7748	2.8503	1.9389	3.8630	1.7070
双井街道	1.8140	0.4168	0.7915	1.7839	2.5812	2.7255	1.2661	4.5881	1.5012
呼家楼街道	1.5358	7.7632	1.2450	3.1835	3.5205	4.3514	3.2770	1.6300	4.7135
团结湖街道	2.4382	0.4534	0.6939	0.6663	3.8623	0.9836	1.0177	1.0118	9.7056
南磨房地区	1.3560	6.4233	0.5594	1.4605	3.4894	2.3948	1.1623	4.1885	1.1782
六里屯街道	1.3659	0.3456	0.6922	0.4904	1.7024	2.1189	0.9931	2.6452	0.5549
八里庄街道	1.7672	2.0978	1.3397	2.0308	3.1308	3.5669	0.9633	4.5454	2.0063
麦子店街道	2.3702	2.1968	3.8466	2.6584	4.3252	3.7328	2.9641	1.9296	12.4737
望京街道	1.7966	0.3443	4.0365	2.1674	4.2145	2.3046	4.5981	6.6791	1.8434
东风地区	0.3094	0.9847	0.4506	0.2716	0.7640	2.5308	0.7617	2.0944	0.1313
酒仙桥街道	1.3472	2.0770	6.6539	0.8815	2.4906	3.5039	1.8535	1.9484	2.3809
将台地区	1.8935	0.9175	2.4938	0.3021	1.0566	1.7576	4.7042	1.3116	0.1013
垡头街道	0.6815	0.1363	0.4182	1.3675	2.8048	0.4067	0.2999	0.5769	0.0666
豆各庄地区	2.1020	0.4418	0.2178	0.1566	0.4970	1.3857	0.1634	0.9633	0.1854

续表

乡、镇、街道办	劳动密集型制造业中间投入需求系数	资本密集型制造业中间投入需求系数	技术密集型制造业中间投入需求系数	其他行业中间投入需求系数	一般服务业中间投入需求系数	生产性服务业中间投入需求系数	社会服务业中间投入需求系数	居住魅力（H）	商业魅力（S）
马驹桥镇	2.2736	1.5151	1.8139	0.5449	0.7005	0.8755	1.1986	1.0323	0.1084
台湖镇	3.2903	1.6656	3.5941	0.7404	2.5356	0.8691	0.5614	0.9936	1.6163
黑庄户地区	1.6747	0.7499	0.3577	0.4368	0.8150	0.6966	0.2247	0.8454	0.2870
王四营地区	1.6918	0.1674	0.9088	2.8183	2.2544	0.7888	0.6813	0.8662	1.5003
高碑店地区	2.7417	0.4638	1.5214	3.8811	2.6697	1.8768	1.3143	2.4850	1.4216
三间房地区	1.1757	2.2689	0.8859	2.2496	0.9061	0.7849	0.5507	3.0458	0.1521
平房地区	0.9663	0.5276	1.0559	0.3900	1.1624	1.2867	0.7230	2.7450	0.2604
东坝地区	1.3249	0.3526	0.5245	2.7862	0.7637	1.3133	0.3890	1.6009	0.1353
管庄地区	1.6590	2.1415	0.4416	0.9136	1.1436	0.7739	0.4890	1.9068	0.3014
常营地区	0.3269	0.0000	0.3325	0.2104	0.2380	0.4846	0.0000	2.1630	0.0232
金盏地区	1.5982	1.0846	0.9943	1.0561	3.7464	0.3939	0.3922	0.2015	0.9702
大屯地区	2.6717	6.7845	1.0605	8.6142	4.4639	2.8533	1.2590	6.0904	1.9260
来广营地区	3.1974	6.7240	5.2458	3.8247	2.4896	1.7516	1.3720	7.2481	1.0641
东小口地区	1.5688	0.5063	0.4248	0.7130	0.6315	1.0605	0.5925	10.8996	0.0240
北七家镇	2.0917	1.1301	0.4083	1.1001	0.8224	1.1664	0.5750	4.1610	0.0562

续表

乡、镇、街道办	劳动密集型制造业中间投入需求系数	资本密集型制造业中间投入需求系数	技术密集型制造业中间投入需求系数	其他行业中间投入需求系数	一般服务业中间投入需求系数	生产性服务业中间投入需求系数	社会服务业中间投入需求系数	居住魅力（H）	商业魅力（S）
崔各庄地区	1.5556	0.9039	0.6873	0.8099	1.4304	0.9236	0.6312	0.6810	0.4855
小汤山镇	2.2806	0.3807	1.5339	1.7542	0.6336	1.0137	0.3841	0.9982	0.0343
孙河地区	1.1206	0.4412	0.4749	0.4909	0.5125	0.5718	1.4225	0.1888	0.2612
后沙峪地区	2.6148	1.1454	2.4421	0.7044	0.5493	0.9111	0.9133	2.1890	0.1766
天竺地区	1.4409	1.9622	3.4528	0.3775	0.6848	3.6288	0.9633	1.4528	0.3030
首都机场街道	0.0852	0.1419	0.3187	0.8900	2.5192	0.7757	0.1434	0.8018	0.5358
南法信地区	1.8977	0.8609	0.6763	0.4744	1.2097	1.2650	0.5207	0.0911	1.3542
高丽营镇	3.9020	1.5974	0.7543	0.4317	0.3849	0.4758	0.6089	0.1850	0.0694
北石槽镇	0.6355	1.0068	0.2536	0.2335	0.2350	0.2185	0.4867	0.0532	0.0916
赵全营镇	1.2389	0.9064	0.4112	0.5042	0.1631	0.2452	0.5529	0.1477	0.0192
十三陵镇	0.4947	0.0521	0.1417	0.2249	0.5389	0.1891	0.1867	0.1610	0.3253
大庄科乡	0.0000	0.0000	0.1033	0.0641	0.0272	0.0749	0.0561	0.0095	0.0014
永宁镇	0.3705	0.1187	0.1311	0.0879	0.1513	0.1662	0.5084	0.0507	0.0212
长陵镇	0.3485	0.2991	0.1537	0.1794	0.3147	0.1912	0.4959	0.0287	0.0212
香营乡	0.2533	0.0960	0.0669	0.1935	0.1057	0.0786	0.1841	0.0095	0.0321

续表

乡、镇、街道办	劳动密集型制造业中间投入需求系数	资本密集型制造业中间投入需求系数	技术密集型制造业中间投入需求系数	其他行业中间投入需求系数	一般服务业中间投入需求系数	生产性服务业中间投入需求系数	社会服务业中间投入需求系数	居住魅力（H）	商业魅力（S）
刘斌堡乡	0.0577	0.0846	0.0362	0.0389	0.0440	0.1649	0.1358	0.0095	0.0080
兴寿镇	0.6326	0.5111	0.4800	0.4216	0.2043	0.1856	0.3129	0.7484	0.0132
九渡河镇	0.2996	0.1903	0.2022	0.3184	0.2896	0.1329	0.3329	0.0095	0.1377
桥梓镇	0.7086	0.3983	0.3946	0.5043	0.2655	0.2541	0.8125	0.2471	0.0404
渤海镇	0.7216	0.4478	0.0531	0.2636	0.2705	0.1557	0.4366	0.0467	0.1191
四海镇	0.0482	0.2912	0.0605	0.1180	0.0886	0.1179	0.2247	0.0095	0.0290
千家店镇	0.2081	0.1039	0.1286	0.0565	0.1499	0.1225	0.3108	0.0095	0.0609
珍珠泉乡	0.0060	0.0000	0.0000	0.0366	0.0194	0.0657	0.1469	0.0095	0.0023
宝山镇	0.0662	0.0198	0.0000	0.0738	0.0622	0.1170	0.3681	0.0095	0.0120
采育镇	1.3804	1.0489	0.3817	0.9935	0.2573	0.3638	0.5419	0.2394	0.0468
于家务回族乡	1.2220	0.6712	0.5730	0.4398	0.2434	0.4539	0.5450	0.2028	0.0537
永乐店镇	0.8755	1.0622	0.4184	0.6299	0.4495	0.4490	0.5052	0.4068	0.1230
漷县镇	2.0125	1.1532	0.9222	0.5638	0.6087	0.3348	0.3226	0.4959	0.1495
梨园地区	1.9545	1.3407	1.3398	0.8636	0.9607	1.3988	0.4588	5.2502	0.1548
张家湾镇	2.9889	3.1520	1.3335	1.0391	1.3552	0.5940	0.5631	1.4968	0.4898

续表

乡、镇、街道办	劳动密集型制造业中间投入需求系数	资本密集型制造业中间投入需求系数	技术密集型制造业中间投入需求系数	其他行业中间投入需求系数	一般服务业中间投入需求系数	生产性服务业中间投入需求系数	社会服务业中间投入需求系数	居住魅力（H）	商业魅力（S）
北苑街道	0.9572	1.1512	1.8461	1.0659	0.8563	1.4745	3.3660	3.1199	0.2360
中仓街道	0.5410	1.1277	0.8697	0.8404	0.6088	1.5568	0.6944	1.8464	0.1172
新华街道	3.7426	0.5370	0.5852	1.7770	1.0007	0.9127	15.0621	0.4102	2.6224
永顺地区	1.7054	0.7430	0.6242	0.7536	0.8937	0.7345	0.7595	4.2354	0.0933
玉桥街道	1.2088	0.7364	0.6253	1.1031	0.6908	1.3150	0.5450	3.3816	0.1619
宋庄镇	2.6237	1.2067	1.7354	1.3437	1.2076	0.6405	0.4634	1.0290	0.3217
潞城镇	2.5220	0.7642	1.0791	0.5302	0.3193	0.3511	0.3736	1.0323	0.0327
胜利街道	2.2073	0.6954	1.1142	2.3260	1.0648	1.3177	0.7812	2.4354	0.7365
光明街道	2.6116	1.0237	0.7351	1.7384	0.7222	0.9565	0.4868	2.2708	0.2194
李桥镇	1.2864	0.8730	3.1445	0.6982	0.7445	0.5632	0.4606	1.7176	0.1887
石园街道	7.9663	1.8506	10.8213	1.0435	0.4293	1.9050	0.3160	2.1120	0.0795
仁和地区	1.3614	1.1556	3.3284	0.8200	0.6774	0.6496	0.4399	1.1220	0.2239
马坡地区	1.2200	1.3573	0.9001	0.6698	0.4348	0.3548	0.6078	2.0366	0.2822
牛栏山地区	4.5680	0.3684	0.3690	0.2717	0.2130	0.3657	0.5815	1.1281	0.0295
李遂镇	0.6079	0.2300	0.6046	0.5107	0.3877	0.2522	0.4844	0.4383	0.1830

续表

乡、镇、街道办	劳动密集型制造业中间投入需求系数	资本密集型制造业中间投入需求系数	技术密集型制造业中间投入需求系数	其他行业中间投入需求系数	一般服务业中间投入需求系数	生产性服务业中间投入需求系数	社会服务业中间投入需求系数	居住魅力（H）	商业魅力（S）
北务镇	2.4159	0.9040	1.1933	0.4861	0.1743	0.3985	0.3599	0.0989	0.0677
南彩镇	0.7417	0.7728	1.8451	0.6835	0.2404	0.4473	0.6448	0.8340	0.0259
北小营镇	3.7591	0.6728	0.7908	0.5696	0.3973	0.3548	0.5309	0.6308	0.0586
木林镇	0.8579	0.5053	0.2216	1.3063	0.1993	0.3674	0.4612	0.0095	0.0284
西集镇	1.2990	3.9915	2.3433	0.3518	0.6209	0.3270	0.3137	0.4276	0.2135
杨镇地区	1.3786	0.5701	0.8102	0.5774	1.1483	0.6672	0.6536	0.9371	0.5981
大孙各庄镇	0.7783	0.8704	1.2179	0.4251	0.1787	0.2323	0.5243	0.1757	0.0327
龙湾屯镇	0.7458	0.1903	0.2026	0.3003	0.0902	0.1865	0.3615	0.0576	0.0112
张镇镇	0.7677	0.1192	0.4569	0.2656	0.0992	0.2794	0.5491	0.9371	0.0092
马坊地区	2.3202	0.9591	0.3210	0.3265	0.2571	0.3246	0.7839	0.2915	0.0889
马昌营镇	0.3695	0.2210	0.2392	0.0928	0.1634	0.6165	0.1701	0.1229	0.0407
大兴庄镇	0.8332	0.6128	0.1338	0.4517	0.2044	0.2179	0.3708	0.1772	0.0570
峪口地区	1.4691	0.5289	0.4821	1.3699	0.3199	0.3685	0.4045	0.2455	0.0857
刘家店镇	0.1192	0.0062	0.2008	0.0356	0.1789	0.1304	0.2048	0.0635	0.1063
庙城地区	1.7998	0.6923	0.4005	0.7467	0.4796	0.4284	0.5910	0.5638	0.1633

续表

乡、镇、街道办	劳动密集型制造业中间投入需求系数	资本密集型制造业中间投入需求系数	技术密集型制造业中间投入需求系数	其他行业中间投入需求系数	一般服务业中间投入需求系数	生产性服务业中间投入需求系数	社会服务业中间投入需求系数	居住魅力（H）	商业魅力（S）
龙山街道	1.4515	0.1108	2.8778	2.2514	1.5347	1.5616	0.6305	1.1110	1.2938
泉河街道	0.6870	0.5077	0.3379	1.1854	0.7392	1.0986	0.6934	1.6046	0.2127
怀柔地区	1.1034	0.9132	5.2616	1.1168	1.7622	0.5457	0.8248	1.0603	1.1269
杨宋镇	1.2767	0.7309	1.3889	0.4209	0.4365	0.8671	0.4911	0.4754	0.1747
雁栖地区	2.4924	1.7986	1.6258	0.4250	0.7115	0.8878	0.4893	0.9916	0.4145
怀北镇	2.1594	0.4301	0.1306	0.4520	0.2919	0.2907	0.4939	0.0865	0.0678
北房镇	2.6793	2.1042	1.2246	0.8019	0.4252	1.0511	0.6903	0.3173	0.1766
十里堡镇	3.1098	0.6137	1.4118	0.3991	0.4928	0.7144	0.3216	0.6444	0.2261
西田各庄镇	0.8130	0.3695	0.6273	0.1290	0.0917	0.3794	0.1415	0.4281	0.0053
琉璃庙镇	0.0000	0.0000	0.0000	0.6667	0.0858	0.2022	0.3480	0.0095	0.0268
汤河口镇	0.1954	0.0000	0.0130	0.2470	0.0136	0.1657	0.1358	0.0095	0.0005
石城镇	1.3243	0.0854	0.0876	0.1758	0.1289	0.1370	5.2141	0.0293	0.0621
河南寨镇	0.9862	0.2682	1.6605	0.7100	0.7805	0.2489	0.2204	0.1981	0.2415
密云镇	2.8085	1.3753	2.8398	2.7378	2.1210	2.0208	3.5936	9.4854	0.2431
檀营满族蒙古	0.3122	0.0613	2.3022	0.2154	0.1178	0.2095	0.0676	0.8951	0.0404

续表

乡、镇、街道办	劳动密集型制造业中间投入需求系数	资本密集型制造业中间投入需求系数	技术密集型制造业中间投入需求系数	其他行业中间投入需求系数	一般服务业中间投入需求系数	生产性服务业中间投入需求系数	社会服务业中间投入需求系数	居住魅力（H）	商业魅力（S）
族乡									
溪翁庄镇	0.4614	0.4008	0.1719	0.3923	0.7188	0.5471	0.5901	1.0877	0.5668
东邵渠镇	0.1614	0.0000	0.0000	0.0885	0.0804	0.0744	0.1985	0.0923	0.0134
巨各庄镇	0.9343	0.1360	0.0864	0.2973	0.1018	0.2005	0.1579	0.0908	0.0107
穆家峪镇	0.8051	0.1595	0.4351	0.3334	0.3505	0.1452	0.2261	0.2740	0.0879
冯家峪镇	0.0066	0.0413	0.0497	2.3613	0.0452	0.1072	0.2552	0.0294	0.0055
不老屯镇	0.3662	0.1040	0.0269	0.3256	0.1447	0.0926	0.1546	0.0970	0.0270
东高村镇	1.1090	0.1835	0.6860	0.2525	0.1825	1.3207	0.4738	0.2059	0.0192
渔阳地区	0.9325	1.1924	0.3047	1.8413	0.5136	1.1355	0.6628	1.4746	0.1007
滨河街道	1.8947	1.1224	0.1990	0.8331	0.7690	0.9238	0.9713	1.7396	0.3130
兴谷街道	1.6996	1.2166	3.4692	0.9347	0.8862	1.1339	0.5992	1.7199	0.3342
王辛庄镇	0.7813	0.1588	0.3466	0.2940	0.3285	0.5191	0.4059	0.4928	0.0670
大华山镇	0.3496	0.1624	0.2527	0.2290	0.1489	0.2273	0.3057	0.1770	0.0328
山东庄镇	0.6927	0.4813	0.6770	0.2063	0.1203	0.2297	0.3548	0.0478	0.0213
夏各庄镇	0.8634	0.6088	0.1878	0.5885	0.1101	0.1726	0.2907	0.0724	0.0144

续表

乡、镇、街道办	劳动密集型制造业中间投入需求系数	资本密集型制造业中间投入需求系数	技术密集型制造业中间投入需求系数	其他行业中间投入需求系数	一般服务业中间投入需求系数	生产性服务业中间投入需求系数	社会服务业中间投入需求系数	居住魅力（H）	商业魅力（S）
熊儿寨乡	0.1617	0.3812	0.0190	0.1266	0.0517	0.2889	0.2159	0.0155	0.0152
南独乐河镇	0.5219	0.5848	0.3014	0.1210	0.1394	0.2396	0.2308	0.1584	0.0236
黄松峪乡	0.3841	0.1006	0.0872	0.1858	0.2199	0.2735	0.5089	0.0551	0.2181
金海湖地区	0.4696	0.3486	0.2840	0.1006	0.1661	0.2834	0.4884	0.2498	0.0164
镇罗营镇	0.8565	0.2716	0.0944	0.1527	0.0927	0.1442	0.1985	0.0855	0.0219
大城子镇	0.0769	0.0315	0.0000	0.0579	0.0479	0.0955	0.1448	0.0779	0.0048
北庄镇	4.4776	0.0000	0.0000	0.0228	0.0618	0.1604	0.1358	0.0439	0.0105
太师屯镇	0.9981	4.4732	0.0988	4.4619	0.2789	1.3361	0.3097	0.1327	0.0697
高岭镇	0.6561	0.1921	0.1380	0.1936	0.1051	0.0946	0.1721	0.1005	0.0153
古北口镇	0.3156	0.0483	0.0000	0.3470	0.8437	0.1816	0.2197	0.0565	2.2122
新城子镇	0.1417	0.0000	0.0372	0.2602	0.0539	0.0629	0.1672	0.0777	0.0021
喇叭沟门满族乡	0.0000	0.0000	0.0000	0.0582	0.0276	0.0449	0.1358	0.0095	0.0000
长哨营满族乡	0.0000	0.0000	0.0000	0.0456	0.0478	0.0541	0.1939	0.0095	0.0079

参考文献

曹小曙，马林兵，颜廷真，2007. 珠江三角洲交通与土地利用空间关系研究[J]. 地理科学，(6)：743-748.

曹小曙，杨帆，阎小培，2000. 广州城市交通与土地利用研究[J]. 经济地理，(3)：74-77.

曾锵，2010. 零售商圈吸引力：基于雷利法则和赫夫模型的实证研究[J]. 财贸经济，(4)：107-113.

陈蕾，孟晓晨，2011. 北京市居住–就业空间结构及影响因素分析[J]. 地理科学进展，(10)：1210-1217.

陈佩虹，王稼琼，2007. 交通与土地利用模型——劳瑞模型的理论基础及改进形式[J]. 生产力研究，(14)：77-80.

陈曦，翟国方，2010. 物联网发展对城市空间结构影响初探——以长春市为例[J]. 地理科学，(4)：529-535.

陈燕萍，2000. 城市交通问题的治本之路——公共交通社区与公共交通导向的城市土地利用形态[J]. 城市规划，(3)：10-14.

邓毛颖，谢理，林小华，2000. 基于居民出行特征分析的广州市交通发展对策探讨[J]. 经济地理，(2)：109-114.

丁成日，2007. 城市空间规划：理论、方法与实践[M]. 北京：高等教育出版社.

丁亮，宋小冬，钮心毅，2019. 城市空间结构的功能联系特征探讨——以上海中心城区为例[J]. 城市规划，43（9）：107-116.

段进，2006. 城市空间发展论[M]. 南京：江苏科学技术出版社.

段瑞兰，郑新奇，2004. 城市仿真模型（UrbanSim）及其应用[J].现代城市研究，(1)：65-68.

范炳全，张燕平，1993. 城市土地利用和交通综合规划研究的进展[J]. 系统工程，(2)：1-5.

冯健，周一星，2003. 中国城市内部空间结构研究进展与展望[J]. 地理科学进展，(3)：204-215.

弗朗西斯卡・帕利亚拉等，编. 周彬学等，译，2021. 居住区位选择模型的发展和应用[M]. 北京：科学出版社.

顾朝林，C. 克斯特洛德，1997. 北京社会极化与空间分异研究[J]. 地理学报，(5)：3-11.

顾朝林，辛章平，贺鼎，2011. 服务经济下北京城市空间结构的转型[J]. 城市问题，(9)：2-7.

顾朝林，甄峰，张京祥，2000. 集聚与扩散：城市空间结构新论[M]. 南京：东南大学出版社.

顾朝林，2002. 城市社会学[M]. 南京：东南大学出版社.

顾芳，谭江云，王秀艳，等，2013. UrbanSim城市仿真模型在土地利用规划中的应用研究[J]. 成都工业学院学报，16(4)：18-21.

郭鸿懋，江曼琦，2002. 城市空间经济学[M]. 北京：经济科学出版社.

韩增林，刘天宝，2010. 大连市城市空间结构形成与演进机制[J]. 人文地理，(3)：67-71.

胡俊，1995. 中国城市：模式与演进[M]. 北京：中国建筑工业出版社.

胡永举，2009. 城市居民出行成本的量化方法研究[J]. 交通运输工程与信息学报，(1)：5-10.

黄士正，黄序，崔文，1989. 购物出行的时间分布对北京城市交通的影响及对策分析[J]. 城市问题，(1)：46-50.

黄伟力，2017. 基于POI的城市空间结构分析——以北京市为例[J]. 现代城市研究，(12)：87-95.

黄亚平，2002. 城市空间理论与空间分析[M]. 南京：东南大学出版社.

简·雅各布斯，2006. 美国大城市的死与生[M]. 南京：译林出版社.

江曼琦，2001. 城市空间结构优化的经济分析[M]. 北京：人民出版社.

凯文·林奇，2001. 城市形态[M]. 北京：华夏出版社.

李德华，2001. 城市规划原理[M]. 北京：中国建筑工业出版社.

李峰清，赵民，黄建中，2021. 论大城市空间结构的绩效与发展模式选择[J]. 城市规划学刊，(1)：18-27.

李霞，2010. 城市通勤交通与居住就业空间分布关系——模型与方法研究[D]. 北京：北京交通大学.

李小建，2006. 经济地理学[M]. 北京：高等教育出版社.

李震，2018. 复杂地形条件下城市空间结构及规划策略研究[D]. 重庆：重庆大学.

李治，李国平，2008. 中国城市空间扩展影响因素的实证研究[J]. 同济大学学报（社会科学版），(6)：30-34.

梁进社，楚波，2005. 北京的城市扩展和空间依存发展——基于劳瑞模型的分析[J]. 城市规划，(6)：9-14.

刘碧寒，沈凡卜，2011. 北京都市区就业—居住空间结构及特征研究[J]. 人文地理，(4)：40-47.

刘冰，周玉斌，1995. 交通规划与土地利用规划的共生机制研究[J]. 城市规划汇刊，(5)：24-28.

刘淇，2009. 大力发展生产性服务业[J]. 投资北京，(1).

刘文芝，宗刚，张超，等，2013. 城市交通与土地利用一体化规划模型[J]. 内蒙古大学学报（自然科学版），44（2）：212-218.

龙瀛，2016. 北京城乡空间发展模型: BUDEM2[J]. 现代城市研究，(11)：2-9，27.

陆化普，王建伟，袁虹，2005. 基于交通效率的大城市合理土地利用形态研究[J]. 中国公路学报，(3)：109-113.

吕小彪，周均清，2006. UrbanSim:基于敏感度分析的城市增长仿真系统及其借鉴意义[J]. 国外城市规划，(2)：66-70.

毛蒋兴，闫小培，2005. 城市交通系统对土地利用的影响作用研究——以广州为例[J]. 地理科学，(3)：3353-3360.

毛蒋兴，闫小培，2004. 国外城市交通系统与土地利用互动关系研究[J]. 城市规划，(7)：64-69.

毛蒋兴，闫小培，2005. 基于城市土地利用模式与交通模式互动机制的大城市可持续交通模式选择——以广州为例[J]. 人文地理，(3)：107-111.

毛蒋兴，阎小培，2002. 我国城市交通系统与土地利用互动关系研究述评[J]. 城市规划汇刊，(4)：34-37.

孟斌，郑丽敏，于慧丽，2011. 北京城市居民通勤时间变化及影响因素[J]. 地理科学进展，(10)：1218-1224.

孟繁瑜，房文斌，2007. 城市居住与就业的空间配合研究——以北京市为例[J]. 城市发展研究，(6)：87-94.

宁越敏，1998. 新城市化进程——90年代中国城市化动力机制和特点探讨[J]. 地理学报，(5)：88-95.

牛方曲，王芳，2018. 城市土地利用——交通集成模型的构建与应用[J]. 地理学报，73（2）：380-392

钮心毅，丁亮，宋小冬，2014. 基于手机数据识别上海中心城的城市空间结构[J]. 城市规划学刊，(6)：61-67.

潘海啸，1999. 城市空间的解构——物质性战略规划中的城市模型[J]. 城市规划汇刊，(4)：18-24.

潘泰民，曹连群，孙洪铭，1983. 首都的城市性质·规模·布局——北京城市发展方向的几个问题[J]. 城市规划，(5)：2-8.

彭瑶玲，张臻，闫晶晶，2020. 重庆主城区城市空间结构演变与优化——基于公共服务功能组织视角[J]. 城市规划，44（5）：54-61.

钱寒峰，杨涛，杨明，2010. 城市交通规划与土地利用规划的互动[J]. 城市问题，（11）：21-24.

曲大义，王炜，王殿海，1999. 城市土地利用与交通规划系统分析[J]. 城市规划汇刊，（6）：44-45.

R. E. 帕克，E. N. 伯吉斯，R. D. 麦肯齐，1987. 城市社会学：芝加哥学派城市研究文集[M]. 北京：华夏出版社.

沙里宁，1986. 城市：它的发展、衰败与未来[M]. 北京：中国建筑工业出版社.

史进，童昕，张洪谋，陶栋艳，2013. 基于 UrbanSim 的城市居住与就业空间互动模拟——以宜昌市为例[J]. 北京大学学报（自然科学版），49（6）：1065-1074.

孙施文，1992. 城市空间运行机制研究的方法论[J]. 城市规划汇刊，（6）：22-27.

唐子来，1997. 西方城市空间结构研究的理论和方法[J]. 城市规划汇刊，（6）：1-11.

王慧，2006. 开发区发展与西安城市经济社会空间极化分异[J]. 地理学报，（10）：1011-1024.

王缉宪，2009. 国外城市土地利用与交通一体规划的方法与实践[J]. 国际城市规划，205-209.

王竞梅，2015. 上海城市空间结构演化的研究[D]. 吉林大学.

王磊，2001. 城市产业结构调整与城市空间结构演化——以武汉市为例[J]. 城市规划汇刊，（3）：55-58.

王树盛，2010. 交通与土地利用一体化分析技术及其应用——以昆山城市总体规划为例[J]. 城市规划，130-135.

王兴中，2000. 中国城市社会空间结构研究[M]. 北京：科学出版社.

王燚，苏海龙，王新军，2015. LUTIPSS:基于 GIS 的土地使用和交通一体化规划支持系统[A]. 中国城市规划学会、贵阳市人民政府. 新常态：传承与变革——2015 中国城市规划年会论文集（05 城市交通规划）[C]. 中国城市规划学会、贵阳市人民政府:中国城市规划学会，13.

王真，郭怀成，郁亚娟，等，2009. 城市土地利用与交通相互关系研究进展[J]. 人文地理，（4）：91-97.

韦亚平，赵民，2006. 都市区空间结构与绩效——多中心网络结构的解释与应用分析[J]. 城市规划，（4）：9-16.

吴启焰，朱喜钢，2001. 城市空间结构研究的回顾与展望[J]. 地理学与国土研究，（2）：46-50.

吴启焰，2001. 大城市居住空间分异研究的理论与实践[M]. 北京：科学出版社.

吴志强，叶锺楠，2016. 基于百度地图热力图的城市空间结构研究——以上海中心城区为例[J]. 城市规划，（4）：33-40.

仵宗卿，柴彦威，戴学珍，等，2001. 购物出行空间的等级结构研究——以天津市为例[J]. 地理研究，(4)：479-488.

武进，1990. 中国城市形态: 结构，特征及其演变[M]. 南京: 江苏科学技术出版社.

谢守红，2004. 大都市区的空间组织[M]. 北京: 科学出版社.

徐涛，宋金平，方琳娜，等，2009. 北京居住与就业的空间错位研究[J]. 地理科学，(2)：174-180.

徐永健，阎小培，1999. 西方国家城市交通系统与土地利用关系研究[J]. 城市规划，(11)：38-43.

许学强，胡华颖，叶嘉安，1999. 广州市社会空间结构的因子生态分析[J]. 地理学报，1989(4)：385-399.

许学强，周一星，宁越敏，1996. 城市地理学[M]. 北京: 高等教育出版社.

许炎，黄富民，2010. 交通容量约束下的土地利用规划模式初探[J]. 城市发展研究，(1)：96-101.

薛冰，肖骁，李京忠，等，2020. 基于兴趣点(POI)大数据的东北城市空间结构分析[J]. 地理科学，40(5)：691-700.

薛凤旋，1996. 北京由传统国都到社会主义首都[M]. 香港: 香港大学出版社.

杨励雅，2007. 城市交通与土地利用相互关系的基础理论与方法研究[D]. 北京交通大学.

杨涛，彭爱星，1996. 从城市物质模型到经济模型——劳瑞模型结构的修正[J]. 国外城市规划，(2)：39-43.

杨旭，1992. 北京市社会空间结构的因子生态分析[D]. 北京大学.

杨永春，2003. 西方城市空间结构研究的理论进展[J]. 地域研究与开发，(4)：1-5.

叶昌东，周春山，2014. 近20年中国特大城市空间结构演变[J].城市发展研究，21(3)：28-34.

易汉文，殷茵，2006. PECAS——城市用地和交通集成化模型系统[J]. 城市交通，4(4)：12-20.

于伯华，吕昌河，2006. 北京市顺义区土地资源竞争与土地利用变化分析[J]. 农业工程学报，(10)：94-97.

于伯华，2006. 城市边缘区土地利用冲突：理论框架与案例研究[D]. 北京: 中国科学院地理科学与资源研究所.

于伟，杨帅，郭敏，等，2012. 功能疏解背景下北京商业郊区化研究[J]. 地理研究，(1)：123-134.

虞蔚，1986. 城市社会空间的研究与规划[J]. 城市规划，(6)：25-28.

张兵，1998. 城市规划实效论[M]. 北京: 中国人民大学出版社.

张京祥，2000. 城镇群体空间组合研究[M]. 南京：东南大学出版社.

张鹏，杨青山，杜雪，等，2009. 哈尔滨市社会变迁对城市空间结构演变的影响[J]. 经济地理，(9)：1469-1474.

张庭伟，2001. 1990 年代中国城市空间结构的变化及其动力机制[J]. 城市规划，(7)：7-14.

张文忠，刘旺，李业锦，2003. 北京城市内部居住空间分布与居民居住区位偏好[J]. 地理研究，(6)：751-759.

张小平，师安隆，张志斌，2010. 开发区建设及其对兰州城市空间结构的影响[J]. 干旱区地理，(2)：277-284.

张小英，巫细波，2016. 广州购物中心时空演变及对城市商业空间结构的影响研究[J]. 地理科学，36（2）：231-238.

张耘，冯中越，郭崇义，2010. 北京生产性服务业辐射力研究[J]. 北京工商大学学报（社会科学版），(1)：75-80.

赵鹏军，万婕，2020. 城市交通与土地利用一体化模型的核心算法进展及技术创新[J]. 地球信息科学学报，22（4）：792-804.

赵童，2000. 国外城市土地使用——交通系统一体化模型[J]. 经济地理，(6)：79-83.

甄峰，2004. 信息时代新空间形态研究[J]. 地理科学进展，(3)：16-26.

郑静，许学强，陈浩光，1995. 广州市社会空间的因子生态再分析[J]. 地理研究，(2)：15-26.

郑思齐，霍燚，2012. 北京市写字楼市场空间一体化模型研究——基于 UrbanSim 的模型标定与情景模拟[J]. 城市发展研究，19（2）：116-124.

周彬学，戴特奇，梁进社，等，2011. 基于遗传算法的非线性 Lowry 模型模拟研究[J]. 北京大学学报（自然科学版），(6)：1097-1104.

周素红，闫小培，2005. 西方交通需求与土地利用关系相关模型[J]. 城市交通，(3)：64-68.

周一星，2000. 北京的郊区化及其对策[M]. 北京：科学出版社：226.

周玉璇，李郇，申龙，2018. 资本循环视角下的城市空间结构演变机制研究——以海珠区为例[J]. 人文地理，33（4）：68-75.

朱玮，王德，2003. 大尺度城市模型与城市规划[J]. 城市规划，(5)：47-54.

朱喜钢，2002. 城市空间集中与分散论[M]. 北京：中国建筑工业出版社.

庄浩铭，刘小平，2020. 基于出租车轨迹数据的城市空间结构变化研究——以深圳市为例[J]. 热带地理，40（2）：217-228.

邹兵，2017. 深圳城市空间结构的演进历程及其中的规划效用评价[J]. 城乡规划，(6)：69-79.

邹德慈，1994. 容积率研究[J]. 城市规划，（1）：19-23.

邹伟东，范绎，1991.浅析我国商业发达指数及吸引力指数[J]. 商业经济研究，（3）：50，59-61.

ALONSO W, 1964. Location and land use: toward a general theory of land rent[M]. Harvard University Press.

ANAS A, ARNOTT R J, 1994. The Chicago prototype housing market model with tenure choice and its policy applications[J]. Journal of Housing Research, 5（1）：23-90.

ANAS A, DUANN L S, 1983. Dynamic forecasting of travel demand, residential location and land development[C]. The Eighth Pacific Regional Science Conference. https://core.ac.uk/download/pdf/33893808.pdf.

ANAS, A, 1994. METROSIM: A unified economic model of transportation and land-use. Williamsville, NY: Alex Anas & Associates.

ANAS, A, 1998. NYMTC Transportation Models and Data Initiative: The NYMTC Land Use Model. Williamsville, New York: Alex Anas & Associates.

ANDERSTIG C, MATTSSON L, 1991. An integrated model of residential and employment location in a metropolitan region[J]. Papers in Regional Science, 70（2）：167-184.

ANDRÉ SOARES LOPES, LOUREIRO C F G, WEE B V , 2019. LUTI operational models review based on the proposition of an ALUTI conceptual model[J]. Transport Reviews, 39.

BARRAS R, BROADBENT. T, 1975. A Framework for Structure Plan Analysis[R]. London: Centre for Environmental Studies.

BATEY P W J, MADDEN M, 1981. Demographic-economic forecasting within an activity-commodity framework: some theoretical considerations and empirical results[J]. Environment and Planning A, 13（9）：1067-1083.

BATTEN D F, 1995. Network Cities: Creative Urban Agglomerations for the 21st Century[J]. Urban Studies, 32（2）：313-327.

BOURNE L S, 1982. Internal structure of the city: readings on urban form, growth, and policy[M]. New York: Oxford University Press2.

BOYCE D E, CHON K S, LEE Y J, ET AL, 1983. Implementation and computational issues for combined models of location, destination, mode, and route choice[J]. Environment and Planning A, 15（9）：1219-1230.

BOYCE D, MATTSSON L G, 1999. Modeling residential location choice in relation to housing location and road tolls on congested urban highway networks[J]. Transportation Research Part B: Methodological, 33（8）：581-591.

BROTCHIE J F ET AL, 1985. The Future of Urban Form: The Impact of New Technology[M]. New York: Nichols Pub.

BROTCHIE J, DICKEY J, SHARPE R, 1980. TOPAZ General Planning Technique and its Applications at the Regional, Urban, and Facility Planning Levels [M]. Springer, Berlin, Heidelberg.

CASPER CRAIG T, O'BRIEN JASON P, LUPA, MARY R, ET AL,2009. Application of TELUM by the Pikes Peak, Colorado, Area Council of Governments: Lessons Learned in Colorado Springs[J]. Journal of the Transportation Research Board,（2119）：45-53

CHANG J S, MACKETT R L, 2006. A bi-level model of the relationship between transport and residential location[J]. Transportation Research Part B: Methodological, 40（2）：123-146.

CHANT C, GOODMAN D, 1998. Pre-Industrial Cities and Technology [M]. London: Routledge.

CHO S B, GORDON P, MOORE J E, ET AL, 2001. Integrating transportation network and regional economic models to estimate the costs of a large urban earthquake[J]. Journal of Regional Science, 41（1）：39-65.

CONDER S, 2000. Metroscope: the Metro residential and nonresidential real estate models – general description and technical appendix[Z]. Cambridge: Lincoln Institute on Land Policy and Department of Housing and Urban Renewal.

DE LA BARRA T, 1989. Integrated land use and transport modelling. Decision chains and hierarchies[M]. Cambridge: Cambridge University Press.

DICKEY J W, LEINER C, 1983. Use of TOPAZ for transportation-land use planning in a suburban county [J]. Transportation Research Record,（931）：20-26.

FOLEY L D, 1964. “An Approach to Metropolitan Spatial Structure”. In Webber M M. et al（eds）. Exploration into Urban Structure[M]. Philadelphia: University of Pennsylvania.

GOLDNER W, 1970. The Lowry Model Heritage[R]. Institute of Transportation and Traffic Engineering University of California Berkeley.

HAAG G, BINDER J, 2008. The Dynamics of Complex Urban Systems: Theory and Application of the STASA-Model within the Scatter Project, in: Albeverio S, Andrey D, Giordano P, et al. The Dynamics of Complex Urban Systems[M]. Physica-Verlag HD: 245.

HARVEY D, 1973. Social Justice and the City [M]. Edward Arnold.

HENSHER D A, TON T, 2002. TRESIS: A transportation, land use and environmental strategy impact simulator for urban areas[J]. Transportation, 29（4）：439-457.

HUNT J D, ABRAHAM J E, 2005. "Design and Implementation of PECAS: A Generalised System for Allocating Economic Production, Exchange and Consumption Quantities", Lee-Gosselin, M.E.H. and Doherty, S.T.（Ed.）Integrated Land-Use and Transportation Models, Emerald Group Publishing Limited, Bingley, 253-273. https://doi.org/10.1108/9781786359520-011.

HUNT J D, DONNELLY R, ABRAHAM JE, ET AL,2001. Design of a statewide land use transport interaction model for Oregon. In: Proceedings of the 9th World conference for transport research. Seoul, South Korea.

HUNT J D, KRIGER D S, MILLER E J, 2005. Current operational urban land-use-transport modelling frameworks: A review[J]. Transport Reviews, 25（3）: 329-376.

HUNT J D, SIMMONDS D C, 1993. Theory and application of an integrated land-use and transport modelling framework[J]. Environment and Planning B: Planning and Design, 20（2）: 221-244.

HUNT J D, 1994. Calibrating the Naples land-use and transport model[J]. Environment and Planning B: Planning and Design, 21（5）: 569-590.

HUNT J D, 1993. A description of the MEPLAN framework for land use and transport interaction modeling[M]. Washington, D. C. : 73rd Annual Transportation Research Board Meetings.

IACONO M, LEVINSON D, EL-GENEIDY A, 2007. Models of transportation and land use change: A guide to the territory[J]. Journal of Planning Literature, 22（4）: 323-340.

ISARD W, 1951. Interregional and regional input-output analysis: a model of a space-economy[J]. The review of Economics and Statistics, 33（4）: 318-328.

JUN. M, 2002. The Lowry Model Revisited: Incorporating a Multizonal Input-Output Model into an Urban Land Use Allocation Model[J]. Review of Urban and Regional Development Studies,14（1）, 2–17.

KIM T J, ET AL, 1989. Integrated Urban System Modeling: Theory and applications[M]. Boston: Norwell: Kluwer Academic Publishers.

KLOSTERMAN R E, 1994. Large-Scale Urban Models Retrospect and Prospect[J]. Journal of the American Planning Association, 60（1）: 3-6.

KNOX P L, MARSTON S A, 1997. Places and regions in global context: human geography[M]. Prentice Hall.

KOCKELMAN K M, JIN L, ZHAO Y, ET AL, 2005. Tracking land use, transport, and industrial production using random-utility-based multiregional input–output models: Applications for Texas trade[J]. Journal of Transport Geography, 13（3）: 275-286.

LANDIS J D, 1994. The California Urban Futures Model: a new generation of metropolitan simulation models[J]. Environment and planning B: Planning and design, 21（4）: 399-420.

LEE D B, 1973. Requiem for large-scale models[J]. Journal of the American Institute of Planners, 39（3）: 163-178.

LOWRY I S, 1964. A Model of Metropolis[R]. Santa Monica, CA: Rand Corp.

MACGILL S M, 1977. The Lowry Model as an Input-Output Model and its Extension to Incorporate Full Intersectoral Relations[J]. Regional Studies, 11（5）: 337-354.

MACKETT R L, 1991a. A model-based analysis of transport and land-use policies for Tokyo[J]. Transport Reviews, 11（1）: 1-18.

MACKETT R L, 1991b. LILT and MEPLAN: a comparative analysis of land - use and transport policies for Leeds[J]. Transport Reviews, 11（2）: 131-154.

MACKETT R L Y, 1990. MASTER model（micro-analytical simulation of transport, employment and residence）[R]. Berkshire England: Transport and Road Research Laborator.

MACKETT R L, 1983. The Leeds Integrated Land Use Transport Model（LILT）[R]. UK Transport & Road Research Laboratory, Supplementary Report（SR 805）.

MACKETT R L, 1990. The systematic application of the LILT model to Dortmund, Leeds and Tokyo[J]. Transport Reviews, 10（4）：323-338.

MADDEN M, BATEY P W J, 1983. Linked population and economic models: Some methodological issues in forecasting, analysis, and policy optimization[J]. Journal of Regional Science, 23（2）：141-164.

MADDEN M, 1985. Demographic-economic analysis in a multi-zonal region: a case study of Nordrhein-Westfalen[J]. Regional Science and Urban Economics, 15（4）：517-540.

MARTÍNEZ F, 1996. MUSSA: Land Use Model for Santiago City[J]. Transportation Research Record, 1552（1）：126-134.

MILLS E S, 1972. Markets and Efficient Resource Allocation in Urban Areas: The Automobile[J]. The Swedish Journal of Economics, 74（1）：100-113.

MILLS E S, 1972. Studies in the Structure of the Urban Economy[M]. Baltimore: The Johns Hopkins Press.

MIYAMOTO K, KITAZUME K, 1989. A land use model based on random utility/rent bidding analysis（RURBAN）[J]. In: Transport Policy, Management and Technology, Ventura, Western Periodicals, 4: 107-121.

MIYAZAWA K, 1976. Input-Output Analysis and the Structure of Income Distribution. [R]. Berlin: Springer-Verlag.

MOECKEL R, SPIEKERMANN K, SCHÜRMANN C, ET AL, 2003. Microsimulation of land use [J]. International Journal of Urban Sciences, 7（1）, 14-31.

MOORE J E, KIM T J, 1995. Mills' urban system models: Perspective and template for LUTE（land use transport environment）applications[J]. Computers, Environment and Urban Systems, 19（4）：207-225.

MORRIS A E J, 1994. History of urban form: before the industrial revolutions[M]. Longman.

NIU F Q, WANG F, CHEN M X, 2019. Modelling urban spatial im-pacts of land- use/transport policies[J]. Journal of Geo-graphical Sciences,29（2）：197-212.

PRASTACOS P, 1986. An integrated land-use-transportation model for the San Francisco Region: 1. Design and mathematical structure[J]. Environment and Planning A, 18（3）：307-322.

PUTMAN S H, 1974. Preliminary results from an integrated transportation and land use models package[J]. Transportation, 3（3）：193-224.

PUTMAN S H, 2001. The METROPILUS planning support system: Urban models and GIS.[A]. Brail R K, Richard E. Klosterman. In Planning support systems: Integrating geographic information systems, models and visualization tools, ed[M]. CA: ESRI Press.

PUTNAM S H, 1983. Integrated urban models: Policy analysis of transportation and land use [M]. London: Pion Limited. 332.

RICHARDSON H W, GORDON P, JUN M J, KIM M H, 1993. Pride and Prejudice: the Economic and Racial Impacts of Growth Control in Pasadena[J]. Environment and Planning A, 25: 987-1002.

ROBERTSON R, 1992. Globalization: Social Theory and Global Culture[M]. Sage Publications.

ROORDA M J, DOHERTY S T, MILLER. E J, 2005. Operationalizing household activity scheduling models: Addressing assumptions and the use new sources of behavioural data, in: Lee-Gosselin M, Doherty S T. In Integrated land-use and transportation models: Behavioural foundations[M]. Amsterdam: Elsevier.

ROORDA M J, ENG P, MILLER E J, 2006. Past President's Award for merit in transportation engineering: Assessing transportation policy using an activity-based microsimulation model of travel demand[J]. ITE Journal（Institute of Transportation Engineers）, 76（11）: 16-21.

SALVINI P, MILLER E J, 2005. ILUTE: An operational prototype of a comprehensive microsimulation model of urban systems[J]. Networks and Spatial Economics, 5(2): 217-234.

SASSEN S, 2006. Cities in a world economy[M]. Pine Forge Press.

SASSEN S, 2001. The Global City: New York, London, Tokyo[M]. Princeton University Press.

SHACHAR A, 1994. Randstad Holland: A "World City"?[J]. Urban Studies, 31(3): 381-400.

SIMMONDS D C, 1999. The design of the DELTA land-use modelling package[J]. Environment and Planning B: Planning and Design, 26（5）: 665-684.

SOUTHWORTH F, 1995. A Technical Review of Urban Land Use-Transportation Models as Tools for Evaluating Vehicle Travel Reduction Strategies[R].

U. S. EPA, 2000. Projecting Land-Use Change: A Summary of Models for Assessing the Effects of Community Growth and Change on Land-Use Patterns[R]. Cincinnati: U.S. Environmental Protection Agency, Office of Research and Development.

VELDHUISEN J, TIMMERMANS H, KAPOEN L, 2000. RAMBLAS: a regional planning model based on the microsimulation of daily activity travel patterns[J]. Environment and Planning A, 32（3）: 427-443.

VOID A, 2005. Optimal land use and transport planning for the Greater Oslo area[J]. Transportation Research Part A: Policy and Practice, 39（6）: 548-565.

WEBBER M M, 1964. "The Urban Place and Nonplace Urban Realm". In Webber M M. et al（eds）. Exploration into Urban Structure [M]. Philadelphia: University of Pennsylvania.

WEGENER M, 1982. Modeling urban decline: A multilevel economic-demographic model for the Dortmund region[J]. International Regional Science Review, 7（2）: 217-241.

WEIDNER, DONNELLY, FREEDMAN, ET AL, 2007. A summary of the Oregon TLUMIP Model Microsimulation Modules [C]. Transportation Research Board 86th Annual Meeting, Washington DC, United States.

WHITE M J, 1988. Urban commuting journeys are not "wasteful"[J]. Journal of Political Economy, 96（5）: 1097-1110.

WILSON A G, COELHO J D, MACGILL S M, ET AL, 1981. Optimization in Locational and Transport Analysis[M]. Chichester: John Wiley.

YEH A G O, WU F L, 1995. Internal structure of Chinese cities in the midst of economic reform[J]. Urban Geography, 16（6）: 521-554.

YING J,2007.Continuous Optimization Method for Integrated Land Use/Transportation Models[J]. Journal of Transportation Systems Engineering and Information Technology, 7（3）: 64-72.

ZHAO F, SOON CHUNG, 2006. A study of alternative land use forecasting models: final report[R]. Lehman Center for Transportation Research, Florida International University.